FREDI STRASSER
FRANZISKA LÖPFE

PILZ-RESISTENTE TRAUBEN-SORTEN

Haupt
NATUR

FREDI STRASSER
FRANZISKA LÖPFE
mit Fotografien von Jürg Willimann

PILZ-RESISTENTE TRAUBEN-SORTEN

Reben biologisch pflegen, naturreinen Wein genießen

Haupt Verlag

FREDI STRASSER (geb. 1958) wuchs auf einem Bauernhof in der Ostschweiz auf, studierte Agronomie an der ETH Zürich, unterrichtet Biolandbau und ist PIWI-Pionier mit einem eigenen biologisch-dynamischen Weinbaubetrieb mit PIWI-Rebsorten. www.stammerberg.ch

FRANZISKA LÖPFE (geb. 1949) wuchs in den Bergen auf, studierte an der Universität Zürich Psychologie und arbeitete als Psychotherapeutin. Sie widmet sich seit vielen Jahren der Landwirtschaft.

JÜRG WILLIMANN (geb. 1950) studierte an der ETH Zürich Architektur, war Dozent an den Hochschulen der Kunst in Zürich und Luzern, später Primarlehrer. Seit seiner Jugend ist er begeisterter Fotograf.

MIX
Papier aus verantwortungsvollen Quellen
FSC® C004592

Der Haupt Verlag wird vom Bundesamt für Kultur mit einem Strukturbeitrag für die Jahre 2016 – 2020 unterstützt.

1 Auflage: 2020
Diese Publikation ist in der Deutschen Nationalbibliografie verzeichnet. Mehr Informationen dazu finden Sie unter http://dnb.dnb.de.

ISBN 978-3-258-08187-8

Printed in Germany
Gestaltung: Grams undfreunde, D-Marbach am Neckar

INHALTSVERZEICHNIS

DANK

Die Publikation dieses Buches wurde ermöglicht durch die Unterstützung der folgenden Institutionen, denen wir hiermit herzlich danken.

BirdLife Zürich

Biolandbau-Ring Zürcher Weinland

Delinat St. Gallen

Ernst Göhner Stiftung, Zug

Hans Strasser-Wepfer, Nussbaumen

Regina Frey, Gründerin Stiftung PanEco, Berg am Irchel

Susanne und Martin Knechtli-Kradolfer Stiftung, St. Gallen

Temperatio Stiftung, Maur

VORWORT

Als Quereinsteiger übernahmen meine Frau und ich Anfang der 1980er-Jahre den familieneigenen Bauernhof und stellten ihn gleich auf Bio um. Zu jener Zeit bot die landwirtschaftliche Schule Strickhof eben die ersten Bio-Kurse für Um- und Einsteiger an. In meinem späteren Bio-Kanton Graubünden gab es damals noch nichts Derartiges. Kursleiter war Fredi Strasser, ein noch nicht 30-jähriger, schmächtiger ETH-Abgänger. Er war weitaus jünger, spritziger und beweglicher als alle Kursteilnehmer. Mit funkelnden Augen, ansteckender Begeisterung und schnellem Mundwerk führte er uns in Philosophie und Technik des biologischen Landbaus ein. So hätte ich mir einen Landwirtschaftslehrer nicht vorgestellt. Damals entstand eine Freundschaft, die bis heute anhält.

Zeit seines Lebens bewegt sich Fredi Strasser auf drei Feldern. Da ist einmal die Wissenschaft, da sind die Erkenntnisse und Entwicklungen der Agronomie – nicht nur der Mainstream! –, die ihn brennend interessieren. Zum zweiten gibt er dieses Wissen als Lehrer und Berater weiter an die Bäuerinnen und Bauern. Und zwar so, dass sie auch die kompliziertesten Zusammenhänge verstehen. Schließlich ist Fredi Strasser auch aktiver Bauer und Winzer. Zusammen mit seiner Frau Maria Coray Strasser und seiner Familie wendet er die theoretischen Kenntnisse auf dem familieneigenen, biologischen Weinbaubetrieb in Oberstammheim an. Dabei geht er alles andere als konventionell vor: mit viel Freude experimentiert er mit neuen Sorten und Methoden, auch auf das Risiko hin, dass es Misserfolge gibt. Natürlich interessiert ihn nicht nur der Anbau, sondern genauso die Verarbeitung und die Vermarktung seiner Weine.

Das vorliegende Buch spiegelt Fredi Strassers Vielseitigkeit. Hier finden sich wissenschaftliche Erkenntnisse und praktische Erfahrungen, persönliche Geschichten wie auch politische und philosophische Überlegungen, unterlegt mit vielen aussagekräftigen Bildern.

Ich wünsche den Leserinnen und Lesern viel Freude bei der Lektüre dieses außergewöhnlichen Buches – vorzugsweise bei einem Glas Bio-Wein aus pilzresistenten Sorten!

ANDREA HÄMMERLE, alt Nationalrat, Pratval GR, Dezember 2019

DAS EIGENE WEINGUT

Der Begründer des Weinguts Bergtrotte in Oberstammheim, der alte Hans Menzi, hatte 1958, das ist mein Geburtsjahr, das wunderbar gelegene Weingut mit viel Pioniergeist aufgebaut, denn er gehörte zu jenen, die eigenständige Weinbaubetriebe aufbauten, statt ihre Trauben an Großkellereien zu verkaufen. Bereits zu Beginn unserer Bekanntschaft, als ich, Fredi Strasser, noch ein junger Mann war, zeigte er mir seine Hausrebe, die er sehr liebte. Er musste sie nie spritzen, denn es war eine der Sorte 'Muscat bleu'. Staunend stand ich da. Später sollte für mich die Erinnerung an diesen Moment eine unerhörte Bedeutung bekommen, denn im Jahr 2008 sah ich ein merkwürdiges Inserat:

Reben für eine Saison lang gratis zur Bewirtschaftung.

Aus bloßer Neugier rief ich an, obwohl es für meinen Biobetrieb eigentlich gar nicht infrage kam, fremde Reben zu bewirtschaften. Ich wollte aber wissen, wer so ein Inserat aufgesetzt hat und warum. Es stellte sich heraus, dass es der Sohn des Bergtrotte-Besitzers war; dieser war der jetzige Eigentümer des Weinguts. Er erzählte mir, er könne aus gesundheitlichen Gründen nicht mehr weitermachen und wolle daher verkaufen. »Du kannst das Gut haben. Ich verkaufe es dir«. Der Betrag, den er nannte, war weit außerhalb meiner finanziellen Möglichkeiten, trotzdem schickte er mir die Verkaufsdokumentation. Meine Frau Maria und ich studierten sie ausführlich, denn es hätte uns gereizt, endlich einen rechten Hof zu haben und so den Aufbau unseres Betriebes rascher voranzubringen. Doch wir mussten die Idee aus finanziellen Gründen verwerfen.

Die Sache kam durch Vrene Friedrich, die Freundin meiner Frau und gute Seele aus der Nachbarschaft, dann doch wieder auf uns zu: Das Weingut war nun zur Zwangsversteigerung ausgeschrieben worden, und zwar einiges günstiger als in der ursprünglichen Verkaufsdokumentation, aber immer noch viel zu teuer für uns. Vrene Friedrich meinte trocken dazu: »So hättet ihr endlich euren Hof.« Das stimmte. Dieser Gedanke ließ uns nicht mehr los. Ich telefonierte mit Ämtern, mit befreundeten Biobauern, mit Bankdirektoren, denn langsam nahm die Sache Form an. Fragen blieben: Wie finanzieren und bebauen wir biologisch die steilen Hänge mit den dort angebauten, anfälligen Rebsorten? Könnten wir die Reben roden und stattdessen Buntbrache ansäen? So würden wir die benötigte Zeit zum Planen bekommen, und so würden wir dem Boden, der Natur die Möglichkeit geben, sich zu erholen. So würde es auch möglich sein, in einem späteren Schritt pilzresistente Traubensorten (PIWI-Sorten) zu setzen und als Winzer ganz neu anzufangen.

Ich prüfte diesen Plan mit dem erfahrenen Bioberaterkollegen Jakob Rohrer. Meine Berechnungen waren richtig; auch erkannten wir, dass wir bis zu einer Million Franken Kaufpreis aus unserem laufenden Einkommen verzinsen könnten, wenn wir ans absolute Limit gehen würden. Nur: Woher sollten wir dieses Kapital denn hernehmen? Auf unserem Rebland in Nussbaumen und auf unserem Haus hatten wir die Schulden zwar reduziert, sodass wir da die Hypotheken würden erhöhen können. Das reichte aber bei Weitem nicht. Eine Privatperson half und meine Eltern konnten ebenfalls etwas beisteuern. Eine Bank, die sich im biodynamischen Landbau engagierte, half ebenfalls schnell und unkompliziert. Auf den angesetzten Versteigerungstermin hin kam zu unserem eigenen Erstaunen alles ins Rollen. Noch einmal kalkulierte ich jede Parzelle durch, mit mulmigen Gefühlen und zugleich mit immer mehr Mut.

Dann, an einem merkwürdig grauen, langweiligen Novembernachmittag, versammelten sich über hundert Leute im großen Schwertsaal von Oberstammheim. Meine Frau Maria, mein Sohn Andri Strasser, mein Vater und unser Banker saßen neben mir. Meine Nerven waren äußerst angespannt. Der Direktor der bisherigen Gläubigerbank in dieser Sache war auch da. Ich wusste, dass er noch heute Morgen einigen Winzerkollegen angeboten hatte, ihnen das Weingut zur Summe der bestehenden Schulden zu überlassen. Das ist also die Messlatte, ging es mir durch den Kopf. Und der Sohn des alten Menzi, der ja gemäß bäuerlichem Bodenrecht das Vorkaufsrecht als Familienmitglied beanspruchen konnte, würde er wohl den Hof kaufen können? Er erhielt von der Bank lediglich den gesetzlich vorgeschriebenen, auf dem Ertragswert berechneten Belehnungswert. Den Rest müsste er sonst woher haben müssen. Ob er das Geld würde auftreiben können? Ich sah ihn nirgends im Saal. Allerdings wusste ich, dass er sein Vorkaufsrecht auch noch nachträglich beim Notar würde geltend machen können. Meine Spannung stieg. Wie hoch würde ich wohl fliegen müssen?

Die Betreibungsbeamtin erklärte, dass die Versteigerung nach bäuerlichem Bodenrecht wie folgt ablaufen würde: Kaufen dürften nur landwirtschaftliche Selbstbewirtschafter, die eine Bewilligung des Landwirtschaftsamtes haben und sich hier und heute ausweisen können. Die Gläubigerbank dürfe als einzige nichtlandwirtschaftlich berechtigte Partie wegen des Schuldgesetzes mitsteigern; zudem sei es der Bank erlaubt, den Betrieb später parzellenweise weiterzuverkaufen.

Zuerst wurde jede Parzelle einzeln zur Versteigerung gebracht, aber nur als provisorischer Zuschlag, weil nachher noch der ganze Betrieb »am Stück« versteigert werden würde. Und weil das Gesetz vorsieht, dass ein Betrieb, wenn er eine volle Existenz ermöglicht, nicht aufgeteilt werden darf, falls sich bei der Versteigerung ein Käufer findet, war klar, dass der Meistbietende für den ganzen Hof den Zuschlag erhalten würde. Der Zuschlag erfolgte allerdings nur unter Vorbehalt, wie wir wussten, weil da ja noch das Vorkaufsrecht des Sohnes des ehemaligen Besitzers war.

Die erste Runde der Versteigerung verlief befriedigend. Ich ersteigerte zu moderaten Preisen die meisten Parzellen, die ich wollte. Sogar die Parzelle mit dem Gebäude bekam ich sehr günstig. Doch für die schöne, an den Hof grenzende Rebenparzelle bot einer wie verrückt; mich verließ der Mut, ich zögerte einen Moment; der andere erhielt den Zuschlag – und ich ärgerte mich sofort ganz unerhört über mich selbst, dass mir das passieren konnte. Zu spät!

Die Versteigerungssumme aller Parzellen und Gebäude lag nach der ersten Runde schwindelerregend tief. Was bedeutete dies für uns; verbesserte oder verschlechterte dies unsere Chance, den ganzen Hof zu ersteigern?

Nun kam in der zweiten Runde der ganze Betrieb zur Versteigerung. Mein Ärger darüber, zugelassen zu haben, dass einer mir die schönste Parzelle weggeschnappt hatte, gab mir Auftrieb. Wie hoch wird wohl der Banker der Gläubigerbank einsteigen, fragte ich mich. Und wird der Sohn die zusätzliche Summe auftreiben können? Ich kalkulierte und rechnete an diesen Unsicherheitsfaktoren herum. Was sollten wir denn nur tun?

Maria sagte: »Du wolltest dein ganzes Leben lang einen Hof haben.«
Andri meinte: »Wir sollten den Hof kaufen.«
Mein Vater sagte: »Nun musst du einen rechten Preis bieten.«
Unser Banker sagte: »Deine Berechnungen für einen Millionenkredit sind richtig.«
Wie viel soll ich bieten?

Die Betreibungsbeamtin rief jetzt klar und deutlich in den Saal: »Wir versteigern nun den ganzen Betrieb. Das Angebot muss im Minimum Tausend Franken höher liegen als die bisherige Gesamtsumme. Der Zuschlag ist nur provisorisch, vorbehältlich des Ausgangs des laufenden Gerichtsverfahrens und des Vorkaufsrechts des Sohnes. Geboten ist ...«. Sie nannte die Summe des bisherigen Gesamtbetrages. Ohne eine Sekunde zu zögern, wie aus der Pistole geschossen, rief ich einen Betrag aus, der mehr als das Doppelte des Ertragspreises war und der 20'058 Franken höher lag als der Schuldenbetrag. Im Saal war Ruhe. Alle waren platt.
»Zum ersten. Will jemand mehr bieten?«
Absolute Ruhe, man hätte eine Nadel auf den Boden fallen hören können.
»Zum zweiten.«
Meine Spannung stieg ins Unerträgliche. Ich beobachtete den Direktor der Gläubigerbank, er legte den Schreibstift auf den Tisch und lehnte sich zurück.
»ZUM DRITTEN. Gekauft haben Maria Coray Strasser und Alfred Strasser.«

Du meine Güte! Als ich aus meinem Adrenalinrausch erwachte, realisierte ich, dass wir ein Weingut gekauft haben, im Dorf, in dem wir wohnen, ein paar Hundert Meter von unserem Haus entfernt. Werden wir es schaffen? Unser Banker meint trocken: »Das ist ein Schnäppchen, gratuliere.«

In den folgenden Wochen kommunizierte ich intensiv mit den Behörden und dem Gericht. Der Richter konnte das Verfahren zügig durchziehen. Der Sohn des alten Menzi konnte das Vorkaufsrecht nicht zum vorgesehenen Preis wahrnehmen; am 1. April 2010 – kein Scherz – standen wir zum ersten Mal als Eigentümer auf dem Weingut und stießen mit einem Glas Wein mit Vrene Friedrich und ihrem Mann Walter Friedrich auf unser neues Heim an. Sehr bald begannen unsere Söhne die Reben zu roden, ich pflügte und säte Buntbrachen, die Nachbarn und Passanten staunten oder runzelten die Stirn. Wir stellten Plakate auf, damit jeder lesen konnte, was wir vorhatten. Wir wussten ja, dass es für viele Betrachter ein ungewohnter und seltsamer Anblick ist, wenn anstelle der bisherigen monotonen Rebeneinfalt nun einige Jahre Pflanzenvielfalt und Wildnis den historischen Rebberg prägen würden.

Wir haben in den folgenden Jahren viel investiert, um den heruntergewirtschafteten Betrieb wohnlich zu machen; wir haben umgebaut und vieles mit eigenen Händen angepackt, damit es bezahlbar blieb. Unser Betrieb ist noch lange nicht so weit entwickelt wie es einer wäre, der mit viel Geld neu hingestellt worden ist.
Aber wir wohnen an einem wunderbaren Ort, können Tiere halten, aus dem Fenster unsere Pferde bewundern, die Aussicht auf die Berge genießen und im Keller und im Rebberg vor der Haustüre arbeiten. Immer wieder denke ich darüber nach, wie wohl dieses unglaubliche Glück auf uns gekommen ist. Ob ich die Antwort je finden werde?

Die 1958 vom Gründer Hans Menzi gepflanzte 'Muscat bleu'-Rebe an der Hausecke wächst und ist gesund. Wir sind Zwillinge und mit diesem Ort verbunden.

Herbst 2019, Fredi Strasser, aufgeschrieben von Franziska Löpfe

Zum Begriff PIWI

In Europa waren die beiden Pilzkrankheiten Echter und Falscher Mehltau bis Mitte 19. Jahrhundert nicht vorhanden, also sind alle aus den europäischen Wildreben selektionierten Traubensorten anfällig.
In Amerika und Asien sind diese Krankheiten schon immer vorgekommen, die dort wachsenden Wildreben haben eine eigene, natürliche, in ihren Genen verankerte Abwehrkraft entwickelt. Durch Züchtung wird seit 1750 diese Abwehrkraft in neue Sorten eingekreuzt.

Es entstanden viele verschiedene Begriffe wie »interspezifisch«, »Americano«, »Direktträger«, »robust«, »resistent«, »pilzwiderstandsfähig«, »naturgesund« usw.

TEIL 1 BODEN, REBE, TRAUBE, WEIN

1 WUNDERWERK REBE

WURZEL

Als Lianengewächs kriecht die Rebe über Büsche und Bäume. Berührt sie irgendwo den Boden, kann die Rebe praktisch an allen Holzteilen Wurzeln ausbilden. Die Hauptwurzel verankert die Rebe im Boden; sie beschafft sich mit ihr Wasser, mineralische Nährstoffe und andere Moleküle aus dem Boden. Sie kommuniziert mit den Bodenlebewesen, gibt Wurzelausscheidungen und absterbende Wurzelteilchen als Nahrung an die Bodenlebewesen ab. Die Rebwurzeln gehen mit den Mykorrhiza-Pilzen eine Lebensgemeinschaft ein, um Mineralstoff-Ionen wie Phosphor besser aus dem Boden lösen zu können. Zum lebenswichtigen Stickstoff kommt die Rebe dank der Leguminosen, welche in einer Gemeinschaft mit Knöllchenbakterien leben, die in der Lage sind, Stickstoff aus der Bodenluft zu binden. Rebwurzeln dringen problemlos 5 m oder noch weiter in die Tiefe vor; auch in kargen, wenig verwitterten Böden. Mitarbeiter des Weinbauinstituts Freiburg (Deutschland) gruben in einem Rebberg mehr als 30 m lange, horizontale Langwurzeln aus, während Forscher von Agroscope, dem Schweizer Kompetenzzentrum für Forschung und Entwicklung im Agrar-, Ernährungs- und Umweltbereich, einmal feststellen konnten, dass sich die Wurzeln einer Rebe 15 m von der Rebpflanze entfernt in einem Hühnerauslauf wiederfand. Wie hatte die Pflanze nur gemerkt, dass im weit entfernten Hühnerhof viele Nährstoffe aus dem Hühnerkot zu holen waren?

WURZELHAARE

Die Nährstoffaufnahme übernehmen die millimetergroßen Wurzelhaare hinter den zahlreichen Wurzelspitzen. Letztere dringen immer weiter in das Erdreich vor, wodurch sich dahinter laufend neue Wurzelhaare bilden können. Die Wurzelhaare werden von Milliarden von Bodenlebewesen, Bakterien und Pilzen umgeben, welche bei der Freisetzung von Mineralstoffen aus den Bodenteilchen helfen. Würde man die Wurzelhaare einer Rebe aneinanderreihen, ergäbe das eine Länge von mehreren Kilometern. Rechnet man noch die feinen Pilzfäden der Mykorrhiza-Pilze dazu, welche von den Rebwurzeln ins Erdreich hinauswachsen, verhundertfacht sich diese Ausdehnung. Man kann sich so mit Wurzeln und Pilzfäden durchdrungener Boden fast wie die Winterwolle der Schafe vorstellen: alles ist miteinander verbunden und hält zusammen.

Die Bildung der Wurzelhaare wird von einem Hormon aus den Sprossspitzen der Pflanze angeregt. Je mehr Triebspitzen, umso mehr Wurzelspitzen. In Freiheit klettern die Reben auf Bäume hinauf, wuchern auf alle Seiten und haben unzählige Triebspitzen. Je freier also der Winzer die Rebe wuchern lässt, umso intensiver durchwächst sie auch den Boden.

HOLZ

Es wird angenommen, dass sich der Name »Rebe« aus dem lateinischen »rebere«, kriechen, gebildet hat. Als Lianengewächs schlingt sich die Rebe in der Wildnis an Hecken und Waldrändern in die Höhe. Die grünen Triebe verholzen im Verlauf des Sommers. Im nächsten Frühling wachsen daraus die neuen grünen Schosse, welche später im Jahr Trauben tragen werden. Damit die Rebe nicht zu viele Trauben trägt, schneidet der Winzer einen Teil dieser einjährigen, verholzten Triebe im Winter ab. Das stehenbleibende Holz hingegen wird mit der Zeit immer dicker und bildet einen Stamm mit Bast und Borke. Ein Querschnitt durch das Holz zeigt ein anderes Bild als bei vielen anderen Holzgewächsen: In der Mitte liegt ein weiches Gewebe, das Mark. Gegen außen hin ist das tote Holzgewebe bei der Rebe zudem strahlenförmig angeordnet, während es bei Bäumen kreisförmige Jahrringe bildet. Bei der Rebe sind diese Trennschichten zwischen dem Holzgewebe als sogenannte Holzmarkstrahlen erkennbar. Das Holzgewebe, auch »Xylem« genannt, leitet vor allem Wasser mit Mineralstoff-Ionen von den Wurzeln hinauf in den Spross. An das Holzgewebe anliegend folgt der aus lebenden Zellen bestehende Weichbast und Hartbast, auch »Phloem« genannt. Dieses Gewebe transportiert den Pflanzensaft, welcher viele energiereiche Stoffe enthält und aus der Fotosynthese stammt. Dieser Transport geschieht aktiv durch die lebenden Phloemzellen von den grünen Pflanzenteilen zu den Verbrauchsorten, beispielsweise zur Wurzel, zum Schoss oder zur Traube. Das Phloem wird außen eingerahmt durch eine Korkschicht, an die sich die Borke anschließt. Diese ist bei der Rebe in Längsstreifen angeordnet und löst sich in länglichen Lappen, wenn der Stock dicker wird. Am Querschnitt durchs Holz kann man gut erkennen, ob die Rebe ein gutes Jahr hatte und ihr Holz gut ausreifen konnte: Das Verhältnis zwischen dem festen, äußeren Teil zum weichen Mark im Inneren sollte 2:1 betragen. Der Querschnitt soll kreisrund sein und nicht oval abgeflacht. Strohig weiches Holz, das leicht geknickt werden kann, ist ungenügend ausgereift, frostanfällig und als Schnittholz ungeeignet.

AUGE

Im April werden die Knospen größer. »Sie drücken aus der Wolle«, wie der Winzer sagt. Dann öffnet sich die Knospe, auch »Auge« genannt, und der neue Schößling drängt ans Licht. So klein und unscheinbar dieses kleine Grün noch ist, in der Knospe wurden alle nötigen Organe in Minimalform schon vorbereitet, und zwar fast ein Jahr zuvor, bei der damaligen Rebblüte. Im Querschnitt des Auges kann man das gut erkennen: Im Auge sehen wir drei Knospen, in der Mitte die Hauptknospe mit je seitlich zwei kleinen Nebenknospen. »Sicherheit« lautet das Überlebensprinzip: Falls die Hauptknospe zerstört wird, stehen zwei Nebenknospen als Ersatz zur Verfügung. In der Hauptknospe, und etwas kleiner in den Nebenknospen, sind Trieb, Blätter, Blüten und Ranken als zukünftige Organe schon in kleinster Form vorbereitet. Das Auge treibt bei warmem Wetter im April oder Mai zügig aus. Für die ersten Tage stammt die Wachstumskraft aus den im Rebstock eingelagerten Reservestoffen, also aus dem mehrjährigen Holz. Doch sofort entfalten sich die ersten Blättchen, die rasch grüner werden. Etwa ab der Größe eines Fünffrankenstücks sammeln diese genug Sonnenenergie, um ihr eigenes Wachstum und das der Sprossspitzen voranzutreiben. Das allererste Blatt bleibt deutlich kleiner als die weiteren und trägt bald nur noch wenig zum Wachstum bei. Oft treibt auch ein Seitenauge aus, das schwächer ist und normalerweise keine Blütenanlage hat. Nun beginnt eine hektische Zeit für den Winzer: Mit flinken Händen werden solche überzähligen, kümmerlichen Schößlein ausgebrochen und die untersten, kleinen Blättchen weggenommen.

SPROSS, SCHOSS, FRUCHTRUTE

Am oberirdischen Trieb lässt sich die Bauform der Lianengewächse erkennen: Längliche Zwischenknotenstücke wechseln mit gedrungenen Knoten ab. Diese tragen auf der einen Seite die Knospen (Augen). Sie sind wechselweise auf der einen und der anderen Seite des Schosses in Längsreihen angeordnet. Die Hauptknospe ist schon vollumfänglich mit allen Anlagen für die Organe ausgestattet; so etwa für rund 40 Blätter, zwei bis sechs Blüten – auch Gescheine genannt – und einige Ranken. Treibt ein Auge dann zum grünen Rebschoss aus, werden Zwischenknotenstücke und Knoten ausgebildet. Daraus wachsen die Blätter gegenständig. Am zweiten oder dritten Knoten wächst auf der Gegenseite des Blattes das Geschein, normalerweise bei zwei Knoten, bei manchen Sorten auch bei mehreren. Weiter oben am Trieb wachsen mancherorts Ranken gegenüber den Blättern als Haltehilfen fürs Klettern. Bei allen Knoten bilden sich in den Achseln der Blätter oder der Gescheine je zwei Augen; sie werden »Winterauge« und »Geizauge« genannt. Während die Winteraugen verholzen und die Anlage für den Austrieb im nächsten Jahr bilden, können die Geizaugen eigentlich sofort zu Geizschossen austreiben. Durch ein Wachstumshormon aus der Triebspitze wird dieser Austrieb aber vorerst unterbunden; ein Phänomen, das »Apikaldominanz« genannt wird. Die Triebspitze sichert sich dadurch den vollen Saftstrom für ihr Wachstum. Erst wenn die Triebspitze schon weit vorangewachsen ist, endet die hormonell unterbundene Ruhe des Geizauges; auch dieses treibt dann aus. Dies insbesondere, wenn die Triebspitzen nicht in die Höhe wachsen, sondern sich nach unten neigen, oder wenn der Winzer aktiv eingreift und die Spitzen oben abschneidet.

BLATT, RANKE

Im Verlauf des Wachstums des Sprosses bildet die Rebe an gewissen Stellen, den Blättern gegenüberstehend, auch Ranken. Damit kann sie sich beim Klettern festhalten. Obwohl alle grünen Pflanzenteile zur Fotosynthese befähigt sind, ist das Blatt mit seiner großen Oberfläche und den Spaltöffnungen auf der Blattunterseite das eigentliche Fotosynthese-Superorgan. Die große Oberfläche kann viel Sonnenstrahlen einfangen, die Spaltöffnungen ermöglichen den intensiven Gasaustausch mit der Umgebungsluft. Vereinfacht gesagt, entnehmen die grünen Körperchen in den Blattzellen den Sonnenstrahlen einen Teil ihrer elektromagnetischen Energie in Form von Elektronen. Diese werden auf phosphorreichen Molekülen (Adenosindiphosphat und Adenosintriphosphat, kurz ADP und ATP) »weitergereicht«. Mit dieser Energie wird nun Kohlenstoffdioxid aus der Atmosphäre und Wasser aus dem Boden in der Pflanze zu energiereichen Kohlenhydraten »zusammengebaut«. Während dieses Vorgangs gibt die Pflanze überschüssigen Sauerstoff in die Umgebungsluft ab. Mit den energiereichen Kohlenhydraten werden die wachsenden, im Dunkeln liegenden Teile der Pflanze versorgt. Sie zerlegen die Kohlenhydrate wieder, entnehmen ihnen also die Energie, indem sie »die Elektronen herauslösen«. Diesen Vorgang nennen wir Veratmung. Die dadurch freigesetzte Energie wird von der Pflanze für den Bau anderer Moleküle verwendet, die dann in die Zellen der Pflanze eingebaut werden: die Pflanze wächst. Ein Teil des Kohlenstoffs entweicht aber auch als Kohlenstoffdioxid in die Luft. Diesen Vorgang könnte man im ersten Schritt mit der Verbrennung von Holz in einem Ofen vergleichen, dessen Wärme man im zweiten Teil zum Herausschmelzen von Eisen aus Gestein nutzt. Diese einfachen, bildlichen Erklärungsversuche sind weit weg von den komplizierten, bewundernswerten Lebensprozessen in der Rebe; sind aber zugleich hilfreich, um das Prinzip der Fotosynthese und des Pflanzenwachstums zu verstehen.

DIE REBBLÜTE (GESCHEIN)

Der Historie gemäß stammt die Rebe aus dem Zweistromland des Euphrat und Tigris und gilt als eine der ältesten Kulturpflanzen der Menschheit; sie wird seit etwa 7000 Jahren vor Christus kultiviert. Gezüchtet wurde die heute einhäusige (d.h. zwittrige) Kulturrebe vermutlich aus getrenntgeschlechtlichen, also zweihäusigen Wildformen. Zweihäusig oder getrenntgeschlechtlich bezeichnet man Pflanzen, bei denen es separat eine weibliche und eine männliche Pflanze gibt. Früchte tragen nur die weiblichen Pflanzen. Der Vorteil dieser Entstehungsgeschichte ist also, dass heute im Rebberg jede Rebe eine fruchttragende Pflanze ist.

Bei der Rebe stammen das Blatt, die Ranke sowie die Blüte aus demselben Urgewebe. Die einzelnen Blütchen sitzen botanisch gesehen auf einer Rispe, in der Fachsprache auch »Geschein« genannt. Nach der Befruchtung heißt sie Traube. Die Blüte der Rebe ist ein einzigartiges Gebilde im Pflanzenreich: Auf den fünf unscheinbaren, grünen Kelchblättchen sitzen die ebenfalls kleinen, grünen Kronblättchen, »Käppchen« genannt, weil sie zusammengewachsen sind. Unter diesem sind fünf männliche Staubbeutel mit dem Pollen rund um den weiblichen Fruchtknoten angeordnet. Der Fruchtknoten enthält mehrere Samenanlagen, auch Eizellen genannt. Unten ist der Fruchtknoten deshalb etwas dicker, gegen oben wird er schmaler, das ist der Griffel und zuoberst ist die Narbe. Auf die Narbe muss dann der Blütenstaub fallen. Wir Winzer nennen die Blüte der Kulturrebe auch »Explosionsblüte«. Wenn nämlich der Pollenstaub in den Staubbeuteln und die Eizellen im Fruchtknoten weit genug entwickelt sind, löst sich das Käppchen ruckartig und wird in die Höhe geschleudert, wodurch der Pollen auf die Narbe fällt.

BEEREN, TRAUBEN

Der Pollenschlauch keimt auf der Narbe und wächst mit einem Keimschlauch zur Eianlage innerhalb des Griffels hinunter. Das braucht genügend Wärme, je nach Sorte soll es etwa 12 Grad Celsius warm sein in der Blütezeit. Werden die Eizellen in den Beerenanlagen nicht befruchtet, gibt es keine Samen. Dadurch fehlt die Hormonbildung zur Bildung einer großen Beere. Bei den meisten Rebsorten fallen solche unbefruchteten Beerchen ganz klein schon ab, wir sprechen vom sogenannten »Verrieseln«.

Interessanterweise ist es den Züchtern jedoch gelungen, samenlose Tafeltrauben zu züchten, die trotzdem große Beeren und Trauben ausbilden. Es gibt sogar eine Sorte aus der Türkei, deren Samen gegen Ende der Reifung verschwinden, die »Sultana«-Traube. In der freien Wildbahn würde diese Sorte natürlich aussterben, da sie sich nicht selber fortpflanzen kann. Winzer haben sie aber über Stecklinge vegetativ immer weiter kultiviert, weil ihre kernlosen Beeren, die Sultaninen, so beliebt sind.

Anfänglich nadelkopfgroß, wachsen die Beeren an den Trauben zügig heran und erreichen etwa im August schon fast ihre volle Größe. Sie liegen nun eng aneinander; der Winzer nennt diesen Zustand den »Traubenschluss«. Solange die Trauben noch grün sind, betreiben sie Fotosynthese. Dies ändert sich aber mit dem Farbumschlag und dem Weichwerden der Früchte. Nun werden in den Beeren organische Säuren, Traubenzucker, Farbstoffe, Gerbstoffe und viele weitere sogenannte Extraktstoffe gebildet. Auf der Haut der Beeren liegt zum Schutz vor Regen eine dicke Wachsschicht. Der Winzer freut sich nun auf die Traubenlese.

2 DIE REBE WÄCHST: DIE PFLEGE IM JAHRESVERLAUF

PFLEGE VON BODEN UND UNTERWUCHS

Wenn sich der Boden erwärmt, nimmt das Wachstum der Bodenlebewesen, insbesondere jenes der Pilze, Bakterien und Nematoden, im Wurzelbereich der Rebe und des Unterwuchses rasch zu. Der immergrüne Unterwuchs aus Gräsern, Klee und Kräutern kann schon bei tieferen Temperaturen wachsen und erreicht bereits 10 bis 20 cm Höhe, wenn der Austrieb der Rebe beginnt. Ungefähr zum selben Zeitpunkt beginnen erste Pflanzen zu blühen, so etwa der Löwenzahn.
Etwa ab dem Austrieb der Rebe steigt ihr Bedarf an mineralischen Nährstoffen aus dem Boden kräftig an. Ist dieser Zeitpunkt gekommen, so versucht der Biowinzer mittels Schnitt der Begrünung in jeder zweiten Fahrgasse Nährstoffe aus dem Grün des Unterwuchses zur Rebe zu lenken, aber gleichzeitig Wiesenpflanzen in den anderen Fahrgassen blühen zu lassen. Diese Wiesenstreifen dienen als Unterschlupf und ihr Blütenstaub als Nahrung für zahlreiche Nützlinge im Rebberg. Das anfallende junge Grünzeug in der gemähten Fahrgasse wird von den Bodenlebewesen rasch abgebaut, die Nährstoffe darin freigesetzt und für die Rebwurzeln verfügbar gemacht. Die Nützlinge wiederum können währenddessen in der anderen, nicht gemähten Fahrgasse geschützt im Unterwuchs weiterleben. Ist der Unterwuchs in der geschnittenen Fahrgasse dann genug nachgewachsen, ist es an der Zeit, die bislang noch ungemähte Fahrgasse zu mulchen. Das dort wachsende Grünzeug ist nun älter und faserreicher als jenes in der ersten Fahrbahn. Es verrottet entsprechend langsamer und trägt damit zum Aufbau von Humus als langfristige Nahrungsquelle im Boden bei. Dieser Prozess des abwechselnden Mulchens/Mähens jeder zweiten Fahrgasse wird über den gesamten Sommer mehrfach wiederholt. Damit wird gewährleistet, dass sowohl den Reben stets genügend Nährstoffe zur Verfügung stehen als auch genügend Nahrung und Unterschlupf für Kleinlebewesen und Nützlinge erhalten bleiben.

Sind in einem Rebberg die Reben im Wuchs zu schwach, so hilft die Bodenbearbeitung. Durch diese lockert und lüftet man den Boden und setzt sehr schnell viele Nährstoffe aus der verrottenden organischen Substanz frei. Um den Boden auch nahe an den Rebstöcken, also unter den Rebreihen, gut bearbeiten zu können, gibt es extra zur sogenannten Unterstockpflege entwickelte Geräte. Eine besonders intensive Lockerung erzielt man, wenn der Boden in der ganzen Fahrgasse bearbeitet wird. Da bei der Bodenlockerung aber die Wurzeln des Unterwuchses zerstört und auch die Unterschlupfe der Nützlinge für einige Zeit weitgehend verloren gehen, sollte stets nur jede zweite Fahrgasse entsprechend bearbeitet werden.
Nach erfolgter Bodenlockerung wird wieder angesät: Will man den Boden intensiv regenerieren, sät der Biowinzer eine vielfältige Mischung von rasch wachsenden

Pflanzen; also Gräser, Kräuter und Klee-Arten mit unterschiedlichen Wurzelsystemen (Flachwurzler, Tiefwurzler, Büschelwurzler und Pfahlwurzler) und verschiedenartigsten Blüten. Diese sind für die verschiedenen Kleinlebewesen und Nützlinge äußerst wertvoll und für uns Menschen eine Augenweide. Die Wurzeln machen den Boden locker, durchwachsen, krümelig und intensivieren das Bodenleben. Im darauffolgenden Jahr wird dann eine längerdauernde Klee-Gras-Mischung angesät. Wiederum ein Jahr später wird dasselbe Prozedere dann in den bislang noch nicht bearbeiteten Fahrgassen wiederholt. Ist der Boden in einem guten Zustand und will man nur wieder mehr Leguminosen im Unterwuchs, kann das Prozedere auch verkürzt werden, indem sofort nach der Bodenbearbeitung beispielsweise Luzerne angesät wird.

DER WILDLING REBE WIRD ERZOGEN – REBSCHNITT

Manchmal kann man an Hecken oder Bäumen sich selbst überlassene Reben beobachten. Sie klettern mit ihren langen Trieben an den natürlichen Stützen der Büsche der Sonne entgegen. Wenn sich so eine Kletterrebe nach einiger Zeit weit herum verteilt hat, werden ihre jungen Triebe kürzer, die Blätter kleiner und sie bildet zwar viele, aber kleine Trauben mit kleinen Beeren. Im Rebberg hingegen wirkt der Winzer mit dem erziehenden Schnitt im Winter solch wildem Wachsen entgegen. Er schafft dadurch eine Harmonie zwischen dem Wachstum von vielen dahinwuchernden Schossen (sogenannten »vegetativem Wachstum«) und der Bildung von Trauben (»generatives Wachstum«) und optimiert damit Ertrag und Qualität. Je weniger Augen er stehen lässt, desto mehr Reserven aus dem Holz und den Nährstoffen aus dem Boden stehen für die begrenzte Zahl von kräftigen, langwachsenden Schossen mit wenigen, aber großen Trauben zur Verfügung.

Die Anzahl Augen, und somit die spätere Anzahl Schosse und Trauben, wird abgestimmt auf die Rebsorte, auf das lokale Klima und den Boden, das Ertragsniveau und das Qualitätsziel. Um dies zu erreichen, können verschiedene Erziehungs-

methoden angewendet werden: Viele Wege führen zum individuell gesteckten Ziel. Wir streben hohe Qualität bei eher mäßigem Ertrag an, d.h. rund 800 g Trauben pro m^2, was etwa einem halben Liter Wein entspricht.

Ein Strecker bei Sorten mit großen Trauben: Alle Sorten, die durchschnittliche oder große Trauben tragen, werden bei uns mit nur einem Strecker als fruchttragende Rute erzogen. Wir schneiden zu diesem Zweck aus den letztjährigen Rebschossen in der Nähe des Bindedrahtes einen Zapfen mit zwei Augen und eine Fruchtrute mit acht bis zehn Augen. Aus dem Zapfen sollen im nächsten Jahr wieder ein Zapfen und eine Fruchtrute entstehen. Mit diesem Rückschnitt auf das Wachstumszentrum, den Rebstock, verhilft der geübte Winzer der Rebe zu langjähriger Vitalität. Die Fruchtrute wird so flach wie möglich an den Bindedraht gebunden. Die kräftige Biegung in Stocknähe bremst den Saftstrom. Die Rebe neigt nämlich dazu, nur an der Spitze der Fruchtrute lange, kräftige Triebe zu bilden. Durch das Biegen entstehen auch in Stocknähe schöne Triebe.

Vom Zapfenschnitt zum Doppelstrecker bei Sorten mit kleinen Trauben: 'Maréchal Foch' und 'Léon Millot' tragen kleine Trauben, also wäre ihr Ertrag beim genannten Schnittsystem niedrig. Wir kompensieren dies, indem wir statt einem jeweils zwei Strecker pro Rebe schneiden und miteinander am Draht anbinden. So gibt es fast doppelt so viele Trauben und somit den gleichen Ertrag wie bei großtraubigen Sorten. Früher haben wir bei diesen Sorten den Zapfenschnitt praktiziert, er wird auch »Cordon Royal« genannt. Das ist das gleiche System, wie es in vielen Gärten mit Pergola-Reben praktiziert wird. Man erzieht auch an den waagerechten Drähten einen Stamm und schneidet daran jedes Jahr kleine Zapfen mit zwei Augen. Das gibt jedoch sehr viele Schosse, welche viel zu dicht beieinanderstehen. Das Erlesen dieser vielen Doppelschosse an den vielen Zapfen war mühsam und viel zu zeitintensiv. Darum haben wir zur einfacheren Methode des Doppelstreckers gewechselt.

Minimalschnitt: Um den Arbeitsaufwand zu senken, werden Methoden ausprobiert, bei denen die Reben fast nicht oder nur noch sehr minimal mit Maschinen geschnitten werden. Dadurch bleiben viele Augen an der Rebe stehen, die allerdings viele Schosse austreiben, welche normalerweise kurz bleiben und viele Trauben tragen. Zwar sind diese meist klein und haben nur wenige Beeren. Doch zu Beginn der Umstellung der Reben auf diese Methode besteht die Gefahr, dass die Reben einen zu hohen Ertrag erzeugen würden und in unseren Breitengraden viele Trauben vor Einbruch des Winters noch zu wenig ausgereift sind. Darum muss ein Teil der überzähligen Trauben etwa im Juli entfernt werden. Dies kann auch maschinell mit dem entsprechend eingestellten Traubenvollernter gemacht werden. In unserer Gegend muss beim Minimalschnitt zudem mit weiteren Arbeitsschritten gerechnet werden: Erstens kann die Laubwand der Rebzeile sehr dicht werden, sodass die Schosse von oben über die Trauben herunterwuchern. In der Folge kann es im Inneren der Laubwand feucht bleiben, was ein gutes Klima für die Ausbreitung des Falschen Mehltau-Pilzes ergibt. Um dies zu verhindern, wird die Rebzeile mit dem maschinellen Laubschneider recht rabiat einige Male zurückgeschnitten. Zweitens habe ich beobachtet, dass schwach wachsende, aber reichtragende Sorten, wie zum Beispiel 'Seyval Blanc', beim Minimalschnitt leicht zugrunde gehen können: Sie tragen nach diesem System zu viele Trauben, ihre Schosse werden Jahr um Jahr kürzer und schwächer und nach einigen Jahren ist der Stock erschöpft.

FROSTRESERVE

Da wir in unserer Gegend noch Ende April bis Mitte Mai, wenn die Augen schon treiben, mit Frost rechnen müssen, lassen wir als Frostreserve eine zusätzliche Fruchtrute in voller Länge stehen. Sollte Frost einen Teil des Austriebs an der angebundenen Fruchtrute zerstören, binden wir als Kompensation ein Stück der Frostreserve oder sogar die ganze als zusätzliche Fruchtrute an. Weil die obersten Augen an der Frostreserve am schnellsten austreiben, schlafen ihre untersten Augen in Stocknähe meist noch und überstehen so den Frost. Auf diese Weise kann der Ertragsverlust oft zumindest teilweise kompensiert werden. In Jahren ohne späten Frost werden diese Frostreserven etwa ab Mitte Mai nicht benötigt und abgeschnitten. Leider verbraucht diese Methode einen Teil der Energiereserven aus dem Stock.

DIE REBE WEINT

Was passiert nun in der Rebe, wenn die ersten Sonnenstrahlen das Holz und die schlafenden Augen zu erwärmen beginnen? Noch erwärmt sich der Boden langsam, die Wurzel beginnt zaghaft mit der Aufnahme von Wasser und Mineralien. In den Leitbahnen wird tagsüber die Transportaktivität sichtbar. An den Schnittstellen tropft es, die Rebe »weint«. Noch ist nicht endgültig geklärt, was die Rebe damit bezweckt. Wir wissen, dass über die Schnittfläche eindringende Pilze dadurch ausgeschwemmt werden. Hildegard von Bingen hat diese Rebtränen als Heilmittel für die Augen empfohlen. Mit kleinen, angehängten Fläschchen werden sie noch heute zu Heilzwecken von einzelnen Biowinzern gesammelt.

Schon wärmt die Sonne den Boden. Die Wurzeln der Gräser und Kräuter, die Kälte gut ertragen, werden aktiv; alle Lebewesen ahnen die kommende, intensive Wachstumsperiode. Zuerst treiben eingelagerte Reserven in der Halm- und Stängelbasis das Wachstum an, doch bereits die ersten Sonnenstrahlen aktivieren die Grünkörperchen in den Blättern des Unterwuchses. Die Fotosynthese beginnt zaghaft. Damit startet die Vegetation ihre für uns lebensnotwendige Glanzleistung.
Die Rebe döst noch etwas vor sich hin, träumt von ihrer Herkunft in südlichen Ländern. Doch auch ihre Wurzel ist an sonnigen Tagen schon aktiv und befördert Wasser und Mineralien in den Stock. Dort werden die ersten Reservestoffe mobilisiert, damit alles bereit ist, wenn nach den sich dauernd abwechselnden kalten und warmen Tagen des Aprils endlich etwas stabilere Wärme im Mai ins Land zieht.

DAS LEBEN IN DER REBE BEGINNT ZU STRÖMEN – AUSTRIEB UND ERLESEN

Sicher spielen Temperatur und Tageslänge beim Austrieb eine steuernde Funktion. Die Wurzel wird nun aktiv und schickt bereits Flüssigkeit in die oberen Pflanzenteile. Die Leitungszellen in der Wurzel und im Stängel stehen röhrenförmig übereinander. Wasser und Mineral-Ionen können so in den Holzzellen (Xylem) nach oben fließen. Zuckerreicher Pflanzensaft wird im Saftleitgewebe (Phloem) zu den Verbrauchsorten gepumpt. Die Bodenlebewesen werden mit zunehmender Erwärmung aktiver, vermehren sich und setzen mineralische Ionen frei. Die Wurzel wächst zügiger und nimmt diese Ionen auf, wodurch die Rebe austreiben und zügig wachsen kann. Im April wird das Auge größer und stößt die Winterwolle ab. Der Trieb streckt sich ans Licht. Nun werden Kümmerschößchen von Hand entfernt, wir nennen diesen Arbeitsschritt »Erlesen«. Mit dieser Arbeit erfolgt der erste Schritt der Ertragsregulierung. Auch können beim Erlesen gleich die ersten beiden, relativ kleinwüchsigen Blättchen an der Triebbasis entfernt werden. Das fördert das Wachstum der folgenden Blätter und bringt Sonnenlicht und trockene Luft in die Laubwand hinein. Waren bis jetzt die Reserven im Holz die Basis für den Austrieb und für das erste Streckungswachstum, liefern nun die grünen Triebe mit den Blättern die Energie aus der Fotosynthese. Die grünen Teile der Rebe fangen sofort Energie aus den Sonnenstrahlen ein. Dadurch werden mit Kohlendioxid aus der Luft und Wasser aus dem Boden Kohlenhydrate hergestellt. In weiteren Schritten und mit den Mineralstoffen aus dem Boden werden alle lebensnotwendigen Stoffe zum Aufbau der weiteren Zellen hergestellt. Je mehr Sonne und Wärme vorhanden sind, desto intensiver werden Wachstum und Fluss der Zuckerstoffe. Die Schosse strecken sich.

EINSCHLAUFEN

Als Regel kann man sich merken, dass die jungen Blätter, wenn sie etwa ein Viertel bis ein Drittel ihrer Endgröße erreicht haben, genügend Kohlenhydrate produzieren, um einen Teil davon in andere Pflanzenteile exportieren zu können. Bald darauf liefern die Blätter bereits so viel Kohlenhydrate, auch »Assimilate« genannt, dass die Rebe in den Monaten Mai und Juni sprunghaft wachsen kann. Sind genügend gelöste Nährstoffe im Boden, ist es sonnig und ist die Temperatur tagsüber um 25° C sowie die Nacht angenehm kühl, so erreicht die Rebe bei uns problemlos einen markanten Tageszuwachs von vielen Zentimetern. Dieser Umstand fordert den Winzer und seine Helfer heraus: Wenn die Rebschosse so schnell der Sonne entgegenwachsen, sind sie noch wenig stabil. Ihre Zellen sind nach der Zellbildung

sehr rasch gestreckt worden. Sie enthalten noch viel Wasser, Eiweiße und Zuckerstoffe. Solche Zellen und Pflanzenteile sind noch weich und es müssen noch tragfähige, stabile Faserstoffe aufgebaut werden. Dies geschieht in unseren Breitengraden langsamer als die Zellstreckung. Also sind die Rebschosse in dieser Zeit noch fragil. Die Winzer müssen dieses Manko mit fleißigen Händen, guter Organisation oder mithilfe von Maschinen ausgleichen. Die Schosse werden dabei von Hand oder mit der Heftmaschine in die Drähte eingeschlauft und möglichst senkrecht fixiert. So sind sie vor Stürmen und schwerem Regen geschützt. In vielen Anlagen haben wir Hagelnetze seitlich an den Rebzeilen montiert. Diese leiten die Rebenschosse von alleine senkrecht in den Drähten nach oben, was viel Arbeit erspart und den Zeitdruck senkt; zudem schützen die Netze vor Hagelunwetter.

MIT KAPPEN DIE HORMONE LENKEN

Die Spitzen der Schosse ragen bald über den obersten Draht der Rebanlage hinaus und es ist Zeit, sie abzuschneiden. Diesen Vorgang nennt man »kappen«. Früher haben wir die Triebspitzen mit einer scharf geschliffenen Sichel, die auf Stäben montiert war, oben abgeschnitten. Immerhin ist diese Arbeit leichter als mit der großen Schere, weil die Arme viel weniger belastet werden. Trotzdem muss man nach oben schauen, oft in die Sonne, und die Rebberge Reihe um Reihe hinauf- und hinuntermarschieren. Auch für diese Arbeit wurde inzwischen eine Maschine entwickelt, die die Arbeit gründlich erleichtert: Sie hat die Form einer über die Reihen gehängten Heckenschere; auf den Traktor montiert, können wir mit ihr zügig durch die Gassen fahren. Auf diese Weise ist die Arbeit in wenigen Tagen erledigt; es ist daher möglich, das Kappen bei jeder Sorte genau dann durchzuführen, wenn die Situation des jeweiligen Wachstumsverlaufes gerade ideal ist. Wir haben uns angewöhnt, diese Arbeit möglichst früh zu erledigen, um nur kurze Triebspitzen abschneiden zu müssen. Auf diese Weise gehen wir mit den Wachstumskräften sparsam um. Weil im biologischen Weinbau keine konventionellen und rasch wasserlöslichen Düngemittel eingesetzt werden, ist dies besonders wichtig. Von den Triebspitzen wird ein Hormon zu den Blattachseln weiter unten gesendet, welches deren Austrieb verhindert. Durch das frühe Kappen der Spitzen eliminieren wir diese Apikaldominanz und fördern den Austrieb der Geiztriebe aus den Blattachseln. Die Rebe kann nun sofort alle Kraft in diese Seitentriebe investieren. Auf diese Weise entstehen schnell viele neue Blätter als Fotosynthesefläche, welche insbesondere im Herbst für die Traubenreife sehr wertvoll sind.

BLÜTE, BEFRUCHTUNG, WACHSTUMSRHYTHMEN

Etwa Anfang bis Mitte Juni blüht die Rebe, meist kurz vor dem Kappen. Im Süden, wo die Rebe rascher wächst als bei uns, können die Winzer oft schon vor der Blüte kappen. Aus Versuchen geht hervor, dass dadurch die Rebe besser blüht und schönere Trauben entstehen. Vielleicht beschert uns der Klimawandel bald auch so hohe Temperaturen: Im Hitzejahr 2003 konnte ich jedenfalls bei ein paar Sorten die Spitzen ebenfalls schon vor der Blüte kappen. Der männliche Pollen braucht je nach Sorte ungefähr 12° Celsius, damit sein Pollenschlauch gut auskeimen und durch den Griffel zur Eizelle vordringen kann. Zudem dürfen die Blütenkäppchen nicht zu feucht sein, damit sie im Moment der Blütenöffnung gut weggeschleudert werden. Sind sie feucht, verkleben sie mit der Narbe, wodurch der Pollen sein Ziel verfehlt. Also ist warmes, trockenes Wetter der beste Garant für einen guten Blühverlauf. Ich habe beobachtet, dass die Sorten während der Blüte unterschiedlich hohe Ansprüche an die Witterung stellen. 'Léon Millot', 'Maréchal Foch', 'Seyval Blanc' und 'Cabernet Jura' haben bei schwierigen Bedingungen gut geblüht und dann schöne Trauben gebildet. 'Muscat Bleu', 'Solaris' und 'Bianca' sind hingegen empfindlicher und tragen nicht jedes Jahr reiche Ernte. Vermutlich brauchen sie sehr viel Wärme während der Blüte. Ebenso sind 'Muscat Bleu' und 'Solaris' sehr empfindlich auf Berührungen an den Blütchen. Also wird hier vorher erlesen und erst nach der Blüte ausgelaubt. Auch schwere Regen mit Wind ertragen sie schlecht. Wenn die Blüte schlecht befruchtet wird, fallen viele Blütchen ab. Der Winzer nennt dies »Verrieseln« und er wird weniger Trauben ernten.

Wie erkennt eine Pflanze, dass es Zeit ist für die Blüte? Forscher haben schon vor längerer Zeit sogenannte biologische Resonanzen entdeckt, die es den Pflanzen erlauben, sich anhand von bestimmten Rhythmen, z.B. der Nacht- und Tageslänge, auf die kommende Lebensphase vorzubereiten. Dieser sogenannte Fotoperiodismus regt die Bildung von Eiweißen an, die als Botenstoffe in den Pflanzensaft abgegeben werden und ab einer gewissen Tageslänge das Hormon Florigen aktivieren, welches das Blühen der Pflanze bewirkt.

Allerdings sind nicht alle Pflanzen gleichermaßen stark an solche Rhythmen gebunden. Gerade die Rebe scheint da recht unempfindlich zu sein. Sie orientiert sich mehr an der Anzahl Tage mit genügend Wärme, der sogenannten Wärmesumme. So wird etwa in Brasilien, nahe am Äquator, also bei immer gleicher Tageslänge, Weinbau betrieben; dabei können jährlich zwei Ernten eingefahren werden.

BEERENWACHSTUM UND LAUBWAND

Nach der Befruchtung und bei guter Witterung wachsen die Beeren am Traubengerüst zügig heran. Die Blätter liefern die aus dem Sonnenlicht gewonnene Energie an die Beeren der Traube. Der Winzer teilt deren Wachstum in verschiedene Stadien ein, wie etwa »stecknadelgroß« oder »erbsengroß«. Die Einteilung des Rebenwachstums in Stadien hilft dabei, die Pflanze auf ihren jeweiligen Entwicklungsstand hin adäquat zu pflegen.

Beim Formen der Laubwand achten wir darauf, dass viel Sonnenlicht eingefangen wird, damit wir beste Qualität und einen guten Traubenertrag ernten können: Jedes Blatt sollte mindestens eine gewisse Zeit pro Tag vollständig an der Sonne stehen. Wird ein Blatt von einem anderen beschattet, bekommt es nur noch diffuses Licht, wodurch seine Fotosynthese-Leistung auf ein Drittel sinkt. Liegt dahinter noch ein drittes Blatt und ist dieses so ganztägig im Schatten, muss es von den anderen Blättern mit Kohlenhydraten versorgt werden. Das sind dann auch jene Blätter, die früh gelb werden und schon vor der Reife abfallen.

GROSSE LAUBWAND UND WEITER REIHENABSTAND

Die gesamte Laubwand soll so groß wie möglich sein. Als Minimalwerte wird für unsere Gegend etwa eine Laubwand von 1 m Höhe angegeben. Unsere Laubwand beginnt normalerweise etwa auf 1,3 m, endet auf ca. 2,7 m Höhe und umfasst somit eine Höhe von etwa 1,4 m. Wir achten darauf, normalerweise mindestens 6 Blätter oberhalb der Trauben stehen zu lassen, besser sogar mehr.

Forscher von Agroscope haben vor vielen Jahren einmal mit markiertem Kohlenstoff den Transport des assimilierten Traubenzuckers in der Rebe gemessen. Dabei fanden sie heraus, dass auch noch weit oberhalb der Trauben liegende Blätter viele Kohlenhydrate zur Traube liefern. Lange Schosse geben zudem sogar Zucker in die Trauben von kürzeren Nachbarschossen ab. Bei den wuchernden Sorten 'Léon Millot' und 'Maréchal Foch' lassen wir auch einen Teil der Schosse nach unten hängen. Dies vergrößert die Laubwand ebenfalls. Die Laubwand soll täglich auf jedem Blatt während vieler Stunden Sonnenlicht einfangen können. Allerdings gilt: Je enger die Fahrgassen im Rebberg, umso länger bleibt der Schattenwurf der einen Rebzeile auf der benachbarten Rebzeile. Also sind unsere Fahrgassen 2,5 m breit. Damit die hängenden Schosse am Morgen und Abend nicht zu lange beschattet werden, schneiden wir diese etwa auf Kniehöhe unten ab.

GEZIELTES AUSLAUBEN

Wenn die Schosse der Rebe etwa die Höhe von 2,7 m (ab Boden gemessen) erreicht haben, hat die Rebe so viele Blätter entfaltet, dass rund um die Trauben einzelne Blätter entfernt werden können. In der Regel wird die Fotosyntheseleistung dieser weggerissenen Blätter von den Blättern weiter oben kompensiert. Das gibt Luft und Durchzug um die Trauben, und die empfindlichen kleinen Beeren trocknen schneller nach Tau und Regen, was Pilzbefall vermindert. Wir passen diese Arbeit dem Wachstum der Rebe an. Zuerst wird die Traubenzone auf der Ostseite ausgelaubt, damit die Sonne schon frühmorgens die Trauben trocknet und sich die jungen Beeren an die Sonne gewöhnen. Dann gibt es einen zweiten Durchgang für die Westseite. Das Auslauben in zwei Durchgängen ist vorteilhaft, denn zu radikal und zu schnell freigelegte Beeren können durch Sonnenbrand zerstört werden. Anderseits werden in Beeren, die eine gewisse Zeit pro Tag besonnt sind, mehr reife Gerbstoffe gebildet, phenolische Reife genannt, was bei Rotweinen sehr erwünscht ist. Doch ist es klar, dass so frei hängende Trauben dem Hagelschlag völlig ausgesetzt sind. Darum verzichten wir neuerdings auf das Auslauben.

Am 2. August 2016 zerfetzte ein extremer Hagelsturm alle Schosse und Blätter in dem Teil der Laubwand, welche oben über die seitlichen Hagelschutznetze herauswuchsen. Das war ein Verlust von etwa 0,5 m Laubwand. Wir waren sehr froh, dass unsere Traubenzone noch nicht ausgelaubt war und unter den Hagelschutznetzen unbeschädigt blieb, denn diese Blätter konnten somit ihren Beitrag für die Reife der ebenfalls unbeschädigten Trauben leisten.

Bei den Sorten 'Léon Millot' und 'Maréchal Foch' haben wir wegen ihres buschigen Wuchses noch keine Hagelschutznetze angebracht. Auch hier war beim genannten Hagelwetter die Traubenzone noch nicht ausgelaubt. Die Blätter und hängenden Schosse haben die Trauben derart gut geschützt, dass die Hagelversicherung einen Schaden von 40 % feststellte; auch die Blätter und Schosse waren nur etwa zur Hälfte angeschlagen. In Nachbarparzellen waren hingegen alle Blätter zerfetzt, die Schosse massiv zerschlagen und die frei hängenden Trauben zu 100 % zerstört.

Wir haben zwei Parzellen mit der Sorte 'Muscat Bleu', eine westlich und die andere östlich vom Dorf. Kurz vor der Ernte zog Mitte September 2019 ein schwerer Hagelzug westlich vom Dorf über die Reben. Alle Blätter oberhalb der Hagelschutznetze in unserer Westparzelle waren weggefetzt. Die Ostparzelle blieb verschont. Die Westparzelle haben wir deshalb eine Woche später geerntet, doch zu unserer Enttäuschung war ihr Reifegrad immer noch tiefer als der im Osten. Man sieht das den verhagelten Reben jeweils an, sie bleiben eine längere Zeit nach dem Ereignis einfach im Wachstum stehen, wie in einem Schockzustand. Als Biowinzer lohnt es sich, flexibel zu sein, gut zu beobachten und sich den Gegebenheiten anzupassen! Wir experimentieren deshalb weiter mit diesem Verzicht auf das Auslauben, was in trockenen Sommern und bei PIWI-Sorten ein vertretbares Risiko zu sein scheint; zudem können wir so einen sehr großen und enorm ermüdenden Arbeitseinsatz vermeiden und so unsere Kraft für andere Aufgaben nutzen.

FARBUMSCHLAG, WEICHWERDEN

Bei frühreifen Sorten wie 'Muscat Bleu', 'Léon Millot' oder 'Maréchal Foch' bemerken wir schon ab Anfang August, dass bei den noch grünen Beeren ein Farbwechsel beginnt, und bei der weißen Sorte 'Solaris', dass sie weicher werden. Von nun an sollten wir sie nicht mehr berühren, damit ihre schöne Wachsschicht, wir Winzer nennen sie »den Duft«, sie möglichst lange vor Nässe und Pilzbefall schützt. Außerdem birgt jede Berührung der Traube das Risiko, sie mit dem Graufäulepilz zu infizieren, dessen Sporen wir womöglich von der Berührung einer anderen Pflanze an unseren Händen haben.

ERTRAGSREGULIERUNG UND VERJUS IM AUGUST

Mit dem Winterschnitt, mit dem Erlesen, dann mit dem Auslauben, also der Gestaltung der Laubwandarchitektur, und nun mit der Ertragsregulierung legen wir den Grundstein für Ertrag und Qualität. Wenn die Trauben die Farbe wechseln, kann man rasch diejenigen erkennen, die etwas zurückgeblieben sind. Oft sind es auch nur Teile einzelner Trauben, die der Entwicklung hinterherhinken; beispielsweise der Bereich um die Traubenspitze oder die seitlichen Schultern der Trauben. Vielleicht haben solche Teile der Gescheine später geblüht oder der Trieb ist weniger zügig gewachsen oder der Winzer war zu wenig aufmerksam und die Triebe blieben zu stark vom dichten Blattwerk beschattet. Möglicherweise hatte die Rebe aber auch zu wenig Wachstumskraft, um alle Schößlinge gleichmäßig mit Wasser und Nährstoffen zu versorgen. Wir gehen nun mit der Ernteschere und umgehängtem Pflückkorb

durch die Reihen und schneiden die noch grünlichen »Spätzünder«-Trauben heraus. Diese haben einen noch sehr niedrigen Zuckergehalt von rund 40 Öchslegrad, enthalten noch sehr viel Zitronensäure, aber doch schon fruchtige Aromen. Wir pressen daraus eine wunderbare Spezialität, den »Verjus«. Dieser eignet sich hervorragend als Ersatz für Zitronensaft, als aromatisierender Säurespender in der modernen Küche. Er ist im Mineralwasser ein herrliches Erfrischungsgetränk.
Die restlichen Trauben profitieren nun davon, dass sie das »Sonnenelixier«, den Traubenzucker, vollumfänglich von den Blättern erhalten und nicht mehr mit den »Spätzünder«-Trauben teilen müssen. Die roten Trauben verfärben sich daher rascher, die weißen werden schneller weich und gelb. 'Muscat Bleu' beginnt sich schon Anfang August zu verfärben, dann folgt ihm 'Léon Millot', dann 'Maréchal Foch'. 'Cabernet Jura' ist kurze Zeit später soweit. 'Chancellor' bildet den Schluss. Bei der extrem frühreifen weißen Sorte 'Solaris'' bildet sich so viel Traubenzucker, dass sich diese Ertragsregulierung erübrigt, bei der reichtragenden weißen Sorte 'Seyval Blanc' hingegen ist sie wichtig.

LANGE HERBSTLICHE FARBENPRACHT UND GROSSE RESERVERÜCKLAGERUNG INS HOLZ ALS SCHUTZ VOR FROST

Die Gründe für das herbstliche Farbenspiel des Laubes sind noch nicht bis in alle Details geklärt. Aus den Blättern werden langsam die energiereichen grünen Farbteile abgebaut und in die verholzenden Triebe abgegeben. Doch wird die Fotosynthese noch nicht vollständig eingestellt. Weil das Blattgrün abgebaut wird, werden die vorhandenen Karotinoide als gelbe Farbe sichtbar. Durch den Verlust des Grüns würde das Blatt stressanfälliger. Darum werden rote Farbstoffe, Anthozyane, als Schutzstoffe gebildet. Diese schützen das nun anfälligere Blattgewebe vor dem intensiven Sonnenlicht. Wenn also die Rebberge wochenlang schön farbig sind, dauert dieser Schutz lange an. Die Reben nutzen diese Zeit, um die energiereichen Nährstoffe aus den Blättern zurück ins Holz des Rebstocks und in die Wurzeln zu ziehen. Dauert diese Zeit lange an, so kann die Rebe viel Energie einlagern. Die herbstliche Farbenpracht erfreut daher nicht nur die Wanderer, sondern auch den Winzer sehr. Die Zuckermoleküle, Stärkekörner, Aromastoffe, Hormone, Eiweiße, Aminosäuren, Farbstoffe, Gerbstoffe und vieles mehr werden zum Teil in umgebauter Form eingelagert. Dann sagt der Winzer: das Holz reift heuer gut aus!
Mit dem Blattfall geht die Vegetationsperiode der Rebe zu Ende, der Unterwuchs wächst noch eine Weile, bis die Winterkälte Einzug hält. Im harmonischen Kreislaufsystem der haushälterischen Natur beginnt aber von Neuem der kommende

Wachstumszyklus. Asseln, Käfer, Nematoden, Pilze, Bakterien und viele mehr werden die organischen Stoffe der welken Blätter zerlegen, aufnehmen, verdauen, sich vermehren, selber absterben und den Rebwurzeln als Nahrung im Boden im kommenden Frühling zur Verfügung stehen.

Die Wurzeln haben während der Vegetationsperiode viel freies Wasser in die Rebe aufgenommen, damit die Nährstoffe gut transportiert werden, das Blattgrün viel Fotosynthese betreiben konnte und die Trauben prall gefüllt wurden. Bei Winterbeginn wird nur noch wenig Wasser aufgenommen. Dadurch wird der Saft in den Zellen so stark konzentriert, dass sie trotz Kälte nicht erfrieren. Erste kleine Frostnächte anfangs Winter geben der Rebe das Signal, aus Zucker Stärkekörner herzustellen und den Pflanzensaft zu konzentrieren. Die frostanfälligsten Organe sind die Knospen, denn diese enthalten noch sehr jugendliches, zartes Gewebe mit höherem Wasseranteil. Deren Frosthärte ist je nach Sorte und Zustand der Rebe unterschiedlich. 'Blauburgunder' hatte in unserer Gegend ab etwa –10° C Winterfrostschäden an den Knospen auf dem Holz. Von 'Maréchal Foch' wird aus Kanada berichtet, dass er Wintertemperaturen von –30° C erträgt.

AUS HOLZ GIBT'S GUTEN WEIN – MIT KÜHLEN NÄCHTEN GIBT`S FRUCHTIGEN WEIN

Viele der eingelagerten Pflanzenstoffe gehören zu den Schutzstoffen. So hindern z.B. Gerbstoffe viele Pflanzenfeinde am Eindringen, verderben ihnen mit unangenehmem Geschmack oder Geruch den Appetit oder vergiften sie sogar. Wieder andere verbessern den Stoffwechsel der Pflanze. Und viele von ihnen gelten als gesundheitsfördernd beim Weingenuss. Ich kenne außer dem Wein kein Getränk, bei dem eine so breite, nahezu philosophische Betrachtung seiner Düfte, Aromen und Wirkung zelebriert wird. Der Ursprung eines guten Weines beginnt im Holz der Rebe: »Aus Holz gibt's Wein«, so eine alte Winzerweisheit. Und beste Weine entspringen den alten, dicken, harmonisch wachsenden und gesunden Rebstöcken. Denn hier lagern die verschiedensten Bestandteile der Aromen in großer Menge und werden während der Reifezeit in die Trauben transportiert. Gerade wir Winzer weiter im Norden Europas sind stolz auf die vielfältigen Fruchtaromen unserer Weine. Denn für die ausgeprägte Winterruhe und die kürzere Sommerperiode lagert die Rebe zahlreiche fruchtbetonte Aromavorstufen ins Holz des Weinstocks ein. Und dank der kühlen Nächte in der langdauernden, herbstlichen Reifezeit werden diese dann in die Traubenbeeren abgegeben. Diesem charaktervollen Traubengut entspringen dann feingliedrige, vielschichtige, fruchtbetonte und elegante Weine mit harmonisch eingebundenen Gerbstoffen, mit angenehmem Alkoholgehalt und wunderbarem Duft dank erfrischender, spannender Fruchtsäuren. Dies erklärt den klaren Unterschied zu den oft sehr extraktreichen, gerbstoffstarken und alkoholbetonten Weinen südlichen Ursprungs.

3 AM ZIEL: TRAUBENLESE UND WEINBEREITUNG

WEINLESE SCHON ANFANG SEPTEMBER

'Solaris' ist um den 10. September mit über unglaublichen 100° Öchsle reif, gefolgt von 'Phoenix'. Meist reift dann ab Mitte Monat 'Léon Millot' mit 95°, dann 'Muscat Bleu'. Letztere ist eine sehr traubige, fruchtige Sorte mit wunderbarem Muskatduft. Ihre Stärke entfaltet sie bei etwa 85° Öchsle. Ungefähr zur selben Zeit wie 'Muscat Bleu' reift 'Excelsior'. Dann, gegen Ende September, sind 'Seyval Blanc' und 'Bianca' an der Reihe; 'Bianca' soll 95° Oechsle erreichen. Nun braucht es noch einige Tage Sonnenschein für 'Maréchal Foch' und 'Cabernet Jura'. Sie entfalten mit 95–105° Öchsle ihr volles Potenzial. 'Maréchal Foch' ist fruchtbetont, 'Cabernet Jura' dagegen entwickelt kräftige Gerbstoffe und würzige Cabernet-Aromen. Als letzte Sorte reift 'Chancellor' etwa Mitte Oktober. Dann hat sie die schönen Himbeer-Erdbeer-Aromen und Düfte; bei geschickter Vinifikation erinnert ihr Wein an Pinot noir.

WEISSE TRAUBEN, EDELFÄULE UND KÜHLUNG

Der Weg der weißen Traube zum Wein ist bei uns darauf ausgerichtet, die reiche Vielfalt an Düften und Aromen möglichst unverändert aus der Traube in den Wein zu bringen. Das beginnt mit der Lese. Täglich kontrollieren wir den Gesundheitszustand der Trauben und beobachten das Wetter. Wenn der Botrytis-Pilz vereinzelt sichtbar wird, die Beeren der weißen Sorten schön goldgelb sind und fein schmecken, ist es Zeit zur Traubenlese. Es darf durchaus ein wenig Botrytis auf einzelnen Beeren haben; der Winzer nennt dies die Edelfäule. Der Pilz macht die Haut der Beeren durchlässiger, dadurch wird Wasser aus den Früchten verdunstet, wodurch der Zucker und die Aromen sich konzentrieren; es entstehen Aromen von sehr reifen Früchten. Offenbar verstoffwechselt der Pilz mehr Apfelsäure als Zucker und Stickstoff, was zur Traubenreife beiträgt. Das Botrytis-Enzym Laccase gibt Glyzerin in die Beeren ab, was die Aromen der Beeren zur Süße, Geschmeidigkeit und Fülligkeit hin verändert. Allerdings ist zu viel Laccase wiederum unerwünscht; sie wirkt im Traubensaft zu stark oxidierend, Weißweine bilden dann Gelbtöne und unerwünschte Bitterkeit aus. Bei Rotweinen kann Laccase die roten Farbstoffe, die Anthozyane, aufspalten, wodurch der Wein hell und bräunlich wird.

In meiner Jugend mussten wir deshalb alle mit Botrytis-Pilz befallenen Traubenpartien mit der Ernteschere herausschneiden. Man war der Meinung, dass sie der Weinbereitung schaden. Diese sogenannte Sönderung wurde sehr streng gehandhabt, keine befallene Beere durfte im Bottich sein. Dabei sind natürlich auch viele gute, nur ganz schwach befallene, zuckersüße Beeren verloren gegangen, sozusagen die besten wurden auf den Boden geworfen! Wir vermeiden das heute mit gezielten Maßnahmen: Wir ernten am Morgen und kühlen die Trauben etwa einen Tag lang im Kühlraum auf 1° C hinunter. Die Aktivität der Botrytis-Enzyme wird durch diese Kälte gestoppt, zugleich werden die Beerenhäute etwas weicher, sind dadurch besser pressfähig und geben mehr Aromen an den Saft ab. Die Trauben werden direkt vom Kühlraum aus den kleinen Kistchen schonend in die Presse gegeben. Diese Vorgehensweise wird Ganztraubenpressung genannt.

FRUCHTIGKEIT GEZIELT NUTZEN OHNE ABBEEREN, MIT GANZTRAUBENPRESSUNG UND NATÜRLICHER SEDIMENTATION

Wir verzichten auf das Abtrennen der Beeren vom Traubenstiel, »Abbeeren« genannt. Grund dafür ist, dass beim Abbeeren bereits viel Saft aus den gequetschten Beeren austreten und mit viel Sauerstoff oxidiert würde. Das Botrytis-Enzym Laccase und Pilzteilchen könnten sich so leicht im ganzen Saft verteilen, wodurch die oxidativen Prozesse gefördert würden, welche die wunderbaren Fruchtaromen zerstören könnten. Wenn aber die ganzen Trauben direkt in die Presse gegeben und mit der Luftdruckpresse schonend entsaftet werden, bleiben die blumigen Fruchtaromen im Traubensaft weitgehend erhalten.

Weil der Pilzrasen von Botrytis auf der Beerenoberfläche liegt, wird mit den ersten Litern Pressesaft genau dieser Pilzbelag auf natürliche Weise weggespült. Wir lenken den Pressvorgang manuell sehr sorgfältig und lassen die ersten Liter dieses trüben Saftes aus der Presse in ein separates Gefäß fließen. Wachsamkeit und Beobachtung durch Augen und Gaumen an der Pressewanne sind dabei nötig. Sobald der Saft klarer wird und rein im Gaumen ist, wird er in den Haupttank geleitet. So sind die zwei Fraktionen vorerst getrennt.

In den kühlen, frisch gepressten Säften sinken die trüben Schwebeteile rasch zum Tankboden. Unser Weinmost wird daher auf natürliche, physikalische Weise geklärt, ohne jegliche Zusatzstoffe. Auch der Saft in jenem Gefäß, in dem die ersten Liter trüben Traubensafts gesammelt werden, wird innert weniger Stunden

recht klar. Die Botrytis-Partikel haben daher nur kurze Zeit Kontakt mit dem Saft. Wir prüfen die Güte dieser Saftfraktionen etwa nach 24 Stunden und entscheiden, ob wir sie separat gären oder für Traubensaftherstellung verwenden. Der klare Traubenmost wird oberhalb des trüben Bodensatzes abgepumpt: der Winzer nennt diesen Vorgang »Umzug«.

DIE GÄRUNG STEUERN, RESTSÜSSER 'SOLARIS'

Bevor wir die vorvermehrte Weinhefe zum Traubensaft geben, stellen wir den Saft im Tank an die Sonne, damit er sich zügig auf 15° C erwärmt. Bei dieser Temperatur kann sich dann die Hefe gut vermehren. Die Zugabe der Weinhefe bewirkt, dass im Traubenmost eine zügige Gärung einsetzt und sich keine unerwünschten Mikroorganismen vermehren können. Bei der Gärung ernährt sich die Hefe vom Zucker im Saft und bildet daraus Alkohol. Während dieses Prozesses verwandelt sich der zunächst ruhige Traubenmost zum stürmisch brodelnden Sauser. Als »Sauser« bezeichnen wir Winzer jenen gärenden Zustand des Mosts, der noch süß ist, aber schon herrlich prickelt.

Der Verlauf der Gärung, also die Abnahme des Zuckergehaltes, wird regelmäßig mit der Öchsle-Waage kontrolliert. Bei stürmischer Gärung bildet die Hefe viel Wärme in kurzer Zeit, also wird auch die Temperatur regelmäßig gemessen. Steigt diese über 25° C, bremsen wir die Aktivität der Hefe durch Kühlung des Sausers. Die Fruchtaromen der Beeren werden dadurch im Wein besser ausgeprägt. Es gibt auf dem Markt teure Einrichtungen zur Kühlung der Tanks und Fässer. Wir haben eine günstigere Lösung; nämlich hofeigene Quellen mit kühlem Wasser aus dem Stammerberg. Wir hängen ein ganz feinmaschiges Netz außen um den Tank und befestigen rundherum einen feinporigen Bewässerungsschlauch daran. Mit ganz wenig kühlem, fließendem Wasser entsteht nun ein ganzflächiger Film auf der Außenseite des Tanks. Dieses kühlt durch die Tankwand den gärenden Traubenmost. Durch die Gärung ist der Most immer intensiv durchmischt und so wird die Wärme dauernd an der Außenwand abgeführt. Innerhalb kurzer Zeit können so mehrere Tausend Liter im Tank wieder auf eine Temperatur von etwa 18 °C gesenkt werden.

Bei der Sorte 'Solaris' legen wir Wert darauf, dass der Wein nicht ganz vergärt, sondern noch etwa 20 g/l Traubenzucker zurückbleibt, dies wird Restsüße genannt. Der hohe Zuckergehalt von über 100° Oechsle der Trauben würde sonst einen zu alkohollastigen Wein ergeben. Bei etwa 13 Volumenprozent Alkohol oder wenn etwa 10° Oechsle im noch gärenden Jungwein gemessen werden, ist für uns der Gehalt an restlicher Süße ideal. Darum stoppen wir zu diesem Zeitpunkt die Gärung mit Kühlen des Saftes auf 1° C ab. Die Hefe kann sich wegen der Zuckerverknappung und dem lebensfeindlichen Alkohol ohnehin nur noch schwach vermehren; in der Kälte stirbt sie ab. Auf diese Weise erhalten wir einen wunderbaren restsüßen Wein mit schöner Säure.

Der junge Wein bleibt dann im Kühlraum, so sinkt die Hefe zu Boden. Bei tiefer Temperatur können sich auch keine weiteren Mikroorganismen im Wein vermehren, insbesondere nicht die Milchsäurebakterien. Diese würden nämlich die frische, fruchtige Apfelsäure umbauen in weiche Milchsäure. Genau dies verhindern wir in diesem Fall beim restsüßen 'Solaris' absichtlich. Die schmeichelnde Süße soll einen Gegenspieler, die Säure, haben. Das bringt Spannung in den Weingenuß.

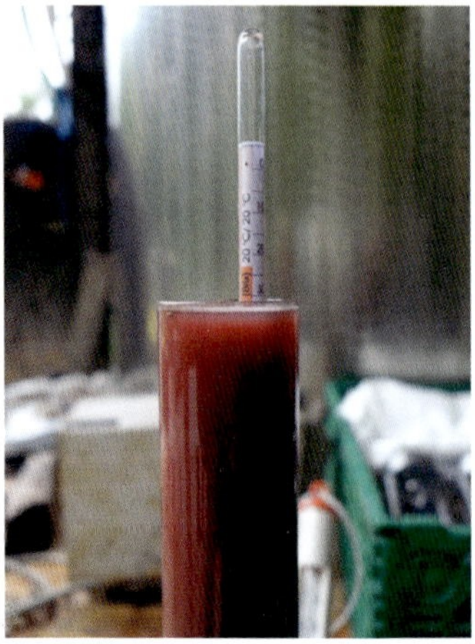

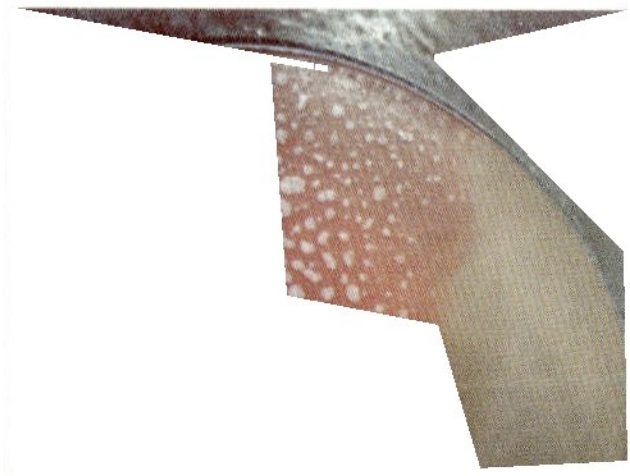

HEFEABZUG, BIOLOGISCHER SÄUREABBAU, KONSERVIERUNG

Die anderen Weißweine werden vollständig vergoren. Solange der Wein gärt, ist er mit dem vorhandenen Kohlendioxid gut gegen Oxidation geschützt. Ist dann die abgestorbene Hefe schön auf den Tankboden abgesunken, pumpen wir den noch leicht trüben Wein oben weg in einen anderen Tank und können anschließend den Hefesatz einfach entfernen. Noch schwimmt allerdings ein wenig Feinhefe im Jungwein. Dies ist jedoch sehr erwünscht, da sie den Wein vorläufig vor Oxidation schützt. Der Keller soll weiterhin über 18° C warm bleiben, damit die Milchsäurebakterien im Wein aktiv werden. Sie wandeln die hart und sauer wirkende Apfelsäure in milde Milchsäure um. Bei diesem Prozess – er wird »biologischer Säureabbau« oder auch »zweite Gärung« genannt – entsteht weiterhin das erwünschte Kohlendioxid, welches den Jungwein gegen Oxidation und auch vor der Essigbildung schützt. Als weitere Maßnahme gegen die Oxidation wird dafür gesorgt, dass die Tanks und Fässer bis oben mit Jungwein gefüllt sind, sodass er nicht mit Sauerstoff in Berührung kommt. Der Winzer sagt dazu: »der Spund muss vollgehalten werden.« Beim restsüßen 'Solaris' wollen wir aber die kräftige Säure des Jungweines beibehalten. Also bleibt er im Kühlraum, damit der biologische Säureabbau verhindert wird. Er soll zwar schmeichelnd süß schmecken, aber mit frecher Säure den Gaumen fruchtig erfrischen.

Ist der biologische Säureabbau beendet, wird wenig schweflige Säure zur Konservierung des Jungweines beigegeben. Sie bindet den restlichen Sauerstoff und entzieht somit den meisten unerwünschten Lebewesen im Wein die Lebensgrundlage. Ebenso wirkt Kälte. Der Keller wird folglich abgekühlt, was bei kalten Perioden im Winter einfach ist: wir öffnen dazu die Kellertüren. Während des Abkühlens des Jungweines bilden sich aus der Weinsäure schöne Weinsteinkristalle, wodurch der Jungwein nochmals Säure verliert und nun milder und reifer wird. Um den wilden Jungwein auf einen bekömmlichen Säuregrad einzustellen, kann mithilfe von Kalk nochmals zusätzlich etwas Weinstein auskristallisiert werden. Nach einer Wartezeit von etwa einem Monat wird der Wein filtriert und abgefüllt.

ROTWEINBEREITUNG

Da in meiner Gegend auch in der Erntezeit mit Regen gerechnet werden muss, kontrollieren wir die Reife der roten Traubenbeeren täglich. Sobald die Kirschessigfliege oder der Botrytis-Pilz die süßen Trauben befällt, wird geerntet. Dies machen wir oft in zwei Arbeitsgängen: Die einzelnen Beeren oder Trauben mit Pilzrasen werden dabei in separate Kistchen gelegt, gekühlt und zu Traubensaft verarbeitet (so wie oben beschrieben). Die anderen roten Trauben werden ebenfalls in Kistchen geerntet und darin schonend zum Keller transportiert. Dort trennen wir mit der Abbeermaschine die Beeren von den Traubenstielen. Die gequetschten Beeren fallen direkt und und ohne jegliches Pumpen schonend in einen Bottich, welcher »Gärstande« genannt wird. In der Gärstande liegt nun die Maische, d.h. die Mischung von Beeren und Saft. Weil so die Maische nicht durch eine Pumpe gequetscht wird, besteht keine Gefahr, dass die darin erhaltenen Traubenkerne verletzt werden und dabei Bitterstoffe aus den Kernen in die Maische gelangen. Das ist wichtig, um aus der Maische guten Wein herzustellen. Die Maische wird nun mit vorvermehrter Hefe oder einigen Litern eines bereits gärenden Sausers geimpft, damit die Gärung rasch beginnt. Sobald diese in Gang kommt, werde die Beeren durch das aufsteigende Kohlendioxid an die Oberfläche angehoben. Wir stoßen sie dann regelmäßig mit dem Handstößel in den Saft zurück, damit viele Aromen, Gerbstoffe und Extrakte aus den Häuten der Traubenbeeren in den Saft herausgelöst werden. Nun brauchen wir alle Sinne zur Beobachtung der Gärung: Kein Gerät kann Augen, Nase, Gaumen, Ohren und Erfahrung dabei ersetzen. Wenn die Maische zu wenig gärt, wird nochmals Hefe zugegeben oder gewärmt, ist sie zu stürmisch, wird häufiger gestößelt oder gekühlt.

DAS RAUSCHEN DER GÄRUNG HÖREN, IHRE KRAFT SEHEN UND FÜHLEN, DIE DÜFTE RIECHEN, DEN GÄRMOST KOSTEN

Zu Beginn steigen aus der Maische nur ganz feine Bläschen auf, da hört man erst ein feines Knacken. Später tönt die tosende Gärung, als wäre ein Gewitterregen losgebrochen. Wir beobachten dann die Dicke der Beerenschicht in der Maische: Je rascher die Beeren aufstoßen, desto heftiger ist die Gärung. Mit den Armen und Händen spüren wir beim Stößeln den Widerstand der Beeren. Anfangs ist es eine anstrengende Sache, weil die Beeren dann noch ganz sind und oben auf der Maische eine kompakte Schicht bilden; zudem verursacht die starke Gärung viel Widerstand. Später beginnen die Beeren durch die Extraktion zu zerfallen. Nun fällt es leichter, die zahlreichen Gärstände zu stößeln.

Die Düfte, welche die Beeren während der Gärung freisetzen, sind sortentypisch, weshalb der erfahrene Winzer sie von Weitem am Duft erkennen kann: Bei 'Muscat Bleu' riecht der ganze Keller intensiv nach Rosen und Veilchen, bei 'Léon Millot' nach Johannisbeeren, bei 'Maréchal Foch' nach schwarzen Kirschen, 'Chancellor' verbreitet Erdbeerduft und 'Cabernet Jura' duftet würzig, pfefferig. Die Düfte ändern sich im Verlauf der Gärung. Oft können wir den Stand der Gärung mit der Nase erkennen. Wir holen uns auch ein Glas Saft aus der Stande, prüfen diesen mit der Nase und beurteilen ihn mit dem Gaumen, kosten die Aromen, damit wir sicher sind, dass alles wie gewünscht verlauft. Mit der Öchsle Waage und dem Thermometer wird der Zuckergehalt und die Wärme gemessen und so der Gärverlauf festgehalten. Auf diese Weise können wir abschätzen, wie rasch die Gärung vorangeht und wann etwa die Maische gepresst werden kann.

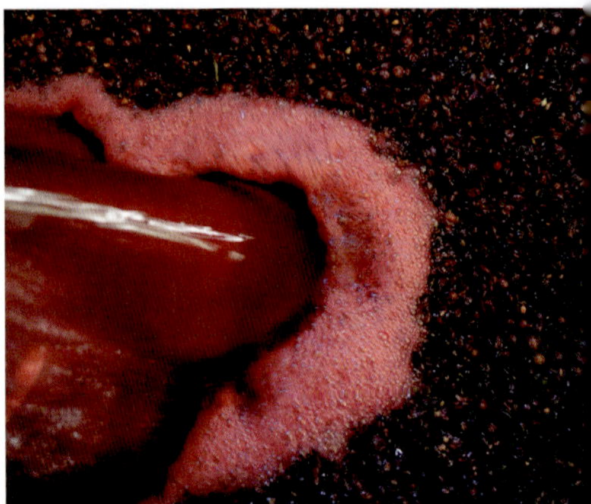

UNTERSCHIEDLICHE GÄRSTADIEN SCHONEND PRESSEN UND PRESSFRAKTIONEN TRENNEN

Sobald uns der gärende Jungwein in seiner Aromatik, dem Gehalt an extrahierten Aromen und Gerbstoffen gefällt, werden die Gärstände angehoben und in die Presse gekippt. Wir verzichten auch hier wieder auf das Pumpen, da dabei wieder das Risiko bestünde, dass Traubenkerne gequetscht und Bitterstoffe freigesetzt würden. Die Maische in den Standen gären meistens unterschiedlich schnell: Am Vormittag geerntete Trauben sind kühler und gären langsamer als warme Trauben, die am Nachmittag gelesen wurden. Das gefällt uns: So kommen beim Pressen unterschiedliche Gärstadien zusammen, was eine breite Vielfalt von Aromen und Düften ergibt. Wie eine vielfältige Blumenwiese oder wie Musik von einem großen Orchester mit vielen Instrumenten soll auch unser Wein die Genießer mit verschiedenen Düften, mit breiter Aromavielfalt und feinen Gerbstoffen erfreuen. Aus der Presse fließt der Jungwein ein Stockwerk tiefer in den Tank. Anfänglich fließt viel Saft noch ohne Pressen; wir nennen dies den »Vorlauf«. Dann folgt der Presssaft in den zweiten Tank. Zum Schluss des Pressevorgangs steigt der Druck in der Presse an. Nun werden aus der schon recht trockenen Maische viele Extrakte und Gerbstoffe herausgelöst. Auch diese Fraktion, wir nennen sie »Nachlauf«, trennen wir ab und lassen sie im Barrique reifen. Im Fass findet eine feine Oxidation statt, wodurch dieser Wildling reift und seine Gerbstoffe milder werden, ohne dabei seine typischen Charakterstärken zu verlieren.

Der rote Jungwein gärt im Tank oder Fass zu Ende und wird dann genauso gepflegt wie der weiße Wein (vgl. weiter oben). Bei Rotweinausbau im Fass warten wir oft, bis er im Sommer schön gereift ist. Spezielle Barrique-Weine bleiben entsprechend ihrer Kraft ein bis zwei Jahre im Fass, bevor sie in Flaschen abgefüllt werden.

TEIL 2 BIOLOGISCHER WEINBAU MIT NATÜRLICH GESUNDEN TRAUBENSORTEN, PIWI-REBEN

4 UMGANG MIT KLIMATISCHEN SCHADEREIGNISSEN

FRÜHLINGSFRÖSTE, KÄLTESEE, NEBEL

Die Rebe treibt heute im Durchschnitt der Jahre oft zwei Wochen früher aus als noch vor einigen Jahrzehnten. Dies erhöht die Frostgefahr. Noch in der Wolle, ist das Auge gut isoliert. Schon im April bricht diese auf, die wachsende Knospe treibt aus ihrer Schutzhülle und ist dann sehr frostanfällig. Aus dem Holztrieb werden viel eingelagerte Zuckerreserven geliefert und rasch verbraucht. Der Jungtrieb verlängert seine Zellen und wird dabei intensiv mit Wasser versorgt. Nun können Zehntelgrade über Leben und Tod der Knospe entscheiden. Für den Winzer kann das Ertrag oder Nulljahr bedeuten. Im Laufe seines Winzerlebens macht er schwierige Erfahrungen in kalten Nächten.

Am meisten gefürchtet sind klare Nächte bei Vollmond. Ohne schützende Wolkenschicht und ohne Nebel wird die Bodenwärme in die Luft abgestrahlt oder vom Wind weggetragen. Im Verlauf der Nacht kann dann der Wärmeverlust so groß sein, dass Frost eintritt. Am kältesten ist es bei Sonnenaufgang und im Tal. Die schwerere kalte Luft fließt während der Nacht den Hang hinunter und liegt nun da wie ein zäher, dickflüssiger See. Darum gibt es unten im Rebberg mehr Frostschäden als weiter oben. Ob eine Knospe dabei Schaden nimmt oder nicht, kann mitunter von Details abhängen: Ist sie hinter einem Holzpfahl durch die Abstrahlwärme des Pfahles geschützt, so kann sie überleben, während jene, die diesen minimalen Schutz nicht hat, womöglich abstirbt. Auch der Abstand vom Boden ist entscheidend. Unsere Reben sind mit 1,30 m Stammhöhe in windstillen Nächten weniger frostgefährdet als Reben, die sich näher am Boden befinden. Grund dafür ist, dass die Luft wärmer ist, je höher sie über dem Boden liegt.
Auch die Frostruten lassen wir bis weit auf 2,7 m Höhe stehen und oft überleben die obersten Knospen, treibenden Augen oder Schößlein eine Frostnacht.

Bei Nebel ist die Luft mit feinen, klaren Wassertröpflein gesättigt, die die Rebschößlein benetzen. Es kann dann von wenigen Zehntelgraden abhängen, ob diese Tröpfchen zu Eiskristallen gefrieren oder nicht. Ich habe erlebt, dass am Hangfuß die Rebschößlein zuerst dank des Nebels geschützt waren, die Nebeltröpfchen dann jedoch im Kältesee, der bei Sonnenaufgang im Tal entsteht, doch noch erfroren sind.

Das Gefrieren des Wassers braucht Energie aus der Umgebung. Diese Energie von der Umgebung wird nun der Pflanze entzogen, wodurch auch die Zellen der Pflanze abkühlen und das Wasser in den jungen, prall gefüllten Zellen gefriert. Wenn Wasser zu Eis gefriert, dehnt es sich aus, wodurch die Zellen der Schößlein gesprengt werden, absterben und schwarz werden. Manchmal passiert es aber auch, dass die Schößlein vorerst nur durch eine feine Eisschicht überzogen werden und darunter zunächst geschützt bleiben.

ERHÖHEN DER UNTERWUCHS UND DIE BISE DAS FROSTRISIKO?

Bei Frostgefahr gibt es existenzielle Zielkonflikte: Es wird angenommen, dass ein hochgewachsener Unterwuchs das Frostrisiko erhöhen kann, weil vermutlich die wärmende Abstrahlung des Bodens vom Unterwuchs zurückgehalten wird und die Reben nicht erreicht. Soll sich der Winzer nun gegen die Schonung der Nützlinge entscheiden und den Unterwuchs im Rebberg bei Frostprognose am Vortag kahl mähen oder soll er das Frostrisiko in Kauf nehmen? Auf diese Frage gibt es keine eindeutige Antwort: wir haben schon beide Situationen erlebt, nämlich in der gleichen Nacht Frostschäden in einer sauber abgeweideten Parzelle und ebenso in der danebenliegenden mit noch hohem Unterwuchs.

Ich mag mich an einen Frühsommer in meiner Jugendzeit erinnern, als an einem 1. Juni von der Bise Frost verursacht wurde. Im Verlauf der Nacht trieb der Nordwind eiskalte Luft über die Hangkante von oben in den Rebberg bei Nussbaumen. Im oberen Bereich der Parzelle wurde somit durch den Wind dem Boden und den Pflanzen dauernd Wärme entzogen. Im Tal bis ins obere Drittel des Rebberges konnte sich der Nebel hingegen halten. Das Resultat: Oben im Rebberg erfroren die Rebschosse, unten waren sie dank des Nebels vom Frost geschützt. Das Unglaubliche an diesem Erlebnis war der späte Zeitpunkt im Jahr und die Auswirkungen des Ereignisses. Auf den ersten Blick sahen wir den etwa 30 cm langen Rebschößlein noch nicht viel an. Schnitt man die Schößlein hingegen in Längsrichtung auf, so sah man, dass das Gewebe unterhalb der Gescheine im Inneren punktförmig schwarz war. Nie werde ich den Anblick an den folgenden Tagen vergessen: Alle Schößlein knickten etwa auf zwei Drittel der Höhe ab; die Triebspitze und alle Traubenanlagen waren weg. Der Frost hatte die Triebe genau an dieser Stelle vernichtet.

FROSTEMPFINDLICHE STADIEN, UNTERSCHIEDLICHE SORTEN, VERSCHIEDENE REBLAGEN

In welchem Stadium ist das junge Rebschößlein auf Frost eigentlich am empfindlichsten? Selbst langjährige Beobachtung in der Praxis erlaubt keine eindeutige Antwort auf diese Frage. Die Bedingungen sind je nach Parzelle und Sorte sehr unterschiedlich. In der Frostnacht vom 28. April 2016 mit –7° C hatten 'Maréchal Foch' und 'Léon Millot' schon mehrheitlich 10–20 cm lange, grüne Schößlein gebildet. Mit großer Angst beobachtete ich sie gegen den Morgen hin. Zu meiner Überraschung gefroren sie jedoch nicht; obwohl das Holz der Reben von einer ganz feinen Eisschicht überzogen war. Auch die mehrere Zentimeter großen, zarten Blätter waren weich und nicht gefroren. Überall an den Blatträndern hingen ganz kleine Wassertropfen. An den gleichen Reben waren hingegen verspätet ausgetriebene Augen, welche die Blätter noch gar nicht entfaltet hatten, starr gefroren und tot. Nach meiner Erklärung hatten die großen Schosse und Blätter bereits selber mittels Fotosynthese Zucker gebildet. Dieser hat als Frostschutzmittel den Gefrierpunkt ihres Zellsaftes gesenkt und vermutlich haben die kleinen Schosse mit der Veratmung dieses Zuckers in ihren grünen Zellen bereits ein wenig Wärme erzeugt.

Die Traubensorten 'Maréchal Foch' und 'Léon Millot' treiben relativ früh im April aus, zu einem Zeitpunkt also, wo das Wetter launenhaft ist. Für den Winzer ist dies allerdings nicht nur schlecht: Ein paar kühle Stunden zwischendurch bremsen das Wachstum des Schößleins. Dadurch steigt die Zuckerkonzentration, die Wassernachlieferung aus der Wurzel wird gehemmt und das Schößlein dadurch abgehärtet. Manchmal fällt im April auch noch Schnee. Dieser kann isolierend wirken, sodass Boden und Rebschoss weniger Wärme an die Umwelt verlieren. Wir hatten schon Schnee auf 'Maréchal Foch' und 'Léon Millot', ohne dass die jungen, schon mehrere Zentimeter langen Schößlein dadurch Schaden genommen hätten.

2016 konnte man die Unterschiede zwischen Sorten und Lagen gut beobachten. Weil 'Muscat Bleu' und 'Seyval Blanc' am 28. April noch fast in Winterruhe waren, traf sie der Frost weniger stark als andere Sorten. Bei 'Solaris' und 'Cabernet Jura' waren die Knospen hingegen gerade etwa 1–2 cm weit geöffnet. Hier betrug der Frostschaden fast 100 Prozent. In gleicher Lage daneben steht bei uns die Sorte, 'Chancellor'. Sie hat uns einen Vollertrag geschenkt, obwohl ihre Knospen zum Zeitpunkt des Frosts im gleichen Stadium waren wie jene von 'Solaris' und 'Cabernet Jura'. Frosthärte scheint also auch genetisch bedingt unterschiedlich ausgeprägt zu sein. Spannend war auch der Einfluss der Lage: 'Cabernet Jura' steht bei uns einerseits in frostgefährdeter Tallage. Dort hatte sie starken Frostschaden. Im weiter oben gelegenen Rebberg war sie andererseits vom Wald geschützt und erlitt keinen Frostschaden.

SCHUTZ GEGEN FROST

Früher wurden die Reben mit Strohmatten gedeckt; eine sehr aufwendige Sache, weil die Strohmatten zuerst ausgebracht und später wieder sehr sorgfältig entfernt werden mussten. Am unteren Teil von Steillagen oder sogar mitten in den Rebzeilen werden manchmal Feuer oder spezielle, große Kerzen gegen den Frost angezündet. Diese Maßnahmen sind teuer und arbeitsintensiv, haben aber 2016 einigen Winzern einen Teil des Ertrags gerettet. Andere Winzer haben versucht, mit großen Gebläsen die kalte Bodenluft mit wärmeren Schichten zu vermischen; eine Methode, die in Deutschland schon mit Helikoptern praktiziert worden ist. Sowohl Feuer und Kerzen als auch Gebläse nützen aber nur bei Windstille und moderaten Frösten.

Eine weitere, auch bei uns verwendete Methode gegen Frost sind die Frostreserve-Ruten. Beim Winterschnitt wird dabei absichtlich ein überzähliges Schoss in voller Länge stehen gelassen. Auch nach dem Anbinden der Strecker lassen wir die Frostreserve in die Höhe ragen. Weil der Saftstrom in der Rebe zuerst ganz nach oben geht, treiben die obersten Knospen an der Frostreserve als Erste aus. Das verzögert den Austrieb der unteren Knospen, also auch am angebundenen Strecker. Je nach Frosthärte und Zeitpunkt bleiben dort dann die noch schlafenden Augen unversehrt. Zusätzlich kann nach einem Frostereignis diese Frostreserve auch noch angebunden werden. Im 2016 haben auf diesen langen Frostruten viele Nebenaugen überlebt und doch noch etwas Trauben geliefert.

IST DER REBSTOCK NACH EINEM FROST IM WINTER VERNICHTET?

Die Rebe lagert im Herbst Reserven ins Holz, in den Stock und die Wurzel ein, auch in Form von Stärkekörnern. Bei jedem der ersten Fröste anfangs Winter wird die unlösliche Stärke in wasserlöslichen Zucker umgewandelt, damit dieser den Gefrierpunkt senkt und als Frostschutzmittel im Saft wirkt. Durch die ersten kalten Nächte im November wird dieser Frostschutz immer besser. Doch Mitte der 1980er-Jahre war es anfangs Januar längere Zeit kälter als –15° C. Eine derart große Kälte kann die Augen an den Fruchtruten zerstören. Um zu sehen, wie groß der angerichtete Schaden war, haben wir Rebschosse abgeschnitten und in der warmen Stube am

Fenster ins Wasser gestellt. Bald konnten wir sehen, wie viele Augen noch austreiben. Wir analysierten die Situation und kamen zum Schluss, dass wir den Reben am besten helfen können, wenn wir ihnen eine Art langen Zapfenschnitt verpassten. Die Maßnahme war sinnvoll, da wir dadurch immerhin einen Teil der Ernte retten konnten.

Ganz schlimm sind sehr rasche Temperaturstürze, weil die Rebe dann zu wenig Zeit hat, um den Frostschutz aufzubauen. Dies habe ich in meiner Jugendzeit anfangs der 1970er-Jahre erlebt, als das Thermometer in der Silvesternacht von etwa plus 8° C auf etwa –12° C fiel, und dies nach mildem Wetter im November und Dezember. Selbst in Getreidefeldern gab es damals Frostschäden; am Rebholz erfroren viele Augen. Darum machen wir den Winterschnitt normalerweise erst im Januar, weil man dann mit dem Schnittsystem auf Frostschäden reagieren könnte und mehr Holz stehen lassen kann. In vielen Gegenden der Welt wird aber bald nach der Weinlese mit dem Rebschnitt begonnen.

An exponierten Lagen hier im Zürcher Weinland war es anfangs Januar, wenn ich mich richtig erinnere, Mitte der 1980er-Jahre fast –20° C. Da sind dann sogar ganze Rebstöcke erfroren und haben im Frühling nicht mehr ausgetrieben. Zum Glück hatten viele Reben sogenannte schlafende Augen im alten Holz. Als schlafende Augen bezeichnet man Knospen im mehrjährigen Holz, die früher einmal angelegt wurden, dann aber nie ausgetrieben haben. Ganz unten im Stamm, ein wenig im Boden, waren diese Augen offenbar genug vor der Kälte geschützt und trieben im Frühling aus. Aus diesen Schossen konnte man dann einen neuen Stamm erziehen und wenigstens die Reben retten, wenn auch ein, zwei Jahre lang nichts geerntet werden konnte ... Unsere Vorfahren haben sich gegen den Winterfrost auf sehr aufwendige Art geschützt: Die Reben wurden vom Stickel gelöst, auf den Boden hinuntergebogen und möglichst flach hingelegt. Auf diese Weise waren sie dort durch den Schnee gegen den Winterfrost geschützt.

Raureif – eine Jugenderinnerung

Der Winter hat Einzug gehalten, Kälte beherrscht die Rebberge. Über die Weihnachtstage erleben wir mit –18 ° C eine der kältesten Nächte seit vielen Jahren. Auch tagsüber steigt das Thermometer nicht über –15° C. Dazu bläst die Bise, unser kalter, trockener Nordwind. An exponierten Stellen fühlt sich die Luft an, als wäre sie weit unter –20° C. Auf der gefrorenen Oberfläche des idyllischen Nussbaumer Sees vergnügen sich viele Menschen. Vielleicht schweift manchmal ein Blick hinauf zu den Rebbergen. Besorgte Winzer fragen sich, ob die Rebe diese Kälte schadlos überstehen wird. Gegen Abend verliert sich die Bise, der Hochnebel sinkt ins Tal hinunter, die Nebeltröpfchen befeuchten die Pflanzen und erstarren dabei zu wunderbaren Eiskristallen. Fast zärtlich überziehen sie am nächsten Morgen sowohl das hellbraune, schutzlose, einjährige Rebholz als auch die schwarzbraunen, knorrigen Rebstöcke, die von ihrem mehrjährigen Bast etwas Schutz bekommen. Die Wälder, Bäume und Büsche erscheinen beim Sonnenaufgang wie in einer Märchenlandschaft voller Eiskristalle.

DIREKTTRÄGER

Die April- und Maifröste zerstören nicht die ganze Rebe. Die Hauptknospe in der Mitte wird meist zerstört, manchmal treibt dann aber eines oder beide Nebenaugen oder ein schlafendes Auge aus dem alten Holz aus. Bei Europäer-Sorten und auch vielen pilzwiderstandsfähigen, neu gezüchteten Sorten haben die Nebenaugen und die im Holz schlafenden Augen keine oder nur sehr kleine Traubenanlagen. Treiben sie nach Frost noch aus, gibt es nur noch einen geringen Ertrag. Ganz anders ist dies bei den alten, resistenten Rebsorten, wie beispielsweise 'Maréchal Foch', 'Léon Millot', 'Seyval Blanc' und 'Oberlin Noir'. Diese tragen auf den Nebenaugen und sogar auf den im alten Holz schlafenden Augen fast gleich viele Trauben wie auf den Hauptaugen. Bei einem Freund erfroren im April 2016 bei diesen Sorten in seiner stark frostexponierten Lage die etwa 20 cm langen Schosse. Dann haben viele schlafende Augen aus dem alten Holz und Nebenaugen aus dem Strecker ausgetrieben. Dies hat zwar zu einen Wachstumsrückstand geführt, weil die Reben nochmals neu austreiben mussten. Zum Glück reifen die Trauben der genannten Sorten früh, schon im September, also werden die zwei Wochen verspäteten Trauben immer noch ganz reif. So konnte er etwa zwei Wochen verspätet dann eine beachtliche Menge Trauben mit guter Reife ernten.

HAGELSTÜRME

Der Sommer 2016 war zeitweise extrem heiß. Am 2. August, etwa um 3 Uhr in der Nacht, fegte eine sogenannte Superzelle mit zeitweise und lokal über 200 km/h Geschwindigkeit als Hagelwirbelsturm über das Stammertal. Er knickte ganze Waldpartien zu Boden, riss riesigen Bäumen einfach die Krone weg, zerstörte Dächer und zerhackte die Reben. Wir haben schon vor vielen Jahren an den Seiten der Rebenreihen Hagelschutznetze montiert. Doch reihenweise konnten die Pfähle dem Sturm nicht standhalten und wurden wie abgesägt zu Boden geworfen. Wochenlang mussten wir mit dem Traktor diese Reihen wieder aufrichten. Immerhin blieben Laub, Holz und Trauben unter dem Netz praktisch unversehrt. So blieb uns doch eine vernünftige Ernte und die Hagelnetze haben auch das Holz geschützt. Im Winter hatten die Nachbarn bei stark zerschlagenem Rebholz großen Aufwand, um einigermaßen brauchbare Strecker für den Schnitt auszuwählen.

Bei 'Léon Millot' und 'Maréchal Foch' haben wir wegen ihren buschigen Wuchses keine Hagelschutznetze. Weil wir zudem im genannten Jahr bei diesen Sorten auch nicht ausgelaubt haben, überstanden sie den Sturm erstaunlich gut. Experten von der Hagelschutzversicherung erhoben den Schaden und stellten fest, dass dank der federnden Laubwand nur 40 % der Trauben und Blätter beschädigt wurden, und viele davon nur partiell. In den ausgelaubten, ganz geradestehenden Rebreihen der Nachbarn waren hingegen alle Trauben und Blätter vollständig zerfetzt worden. Ein weiteres Erlebnis aus 2019: Wir hatten eine schön hochwachsende Gründdüngungsmischung zur Bodenverbesserung in den jungen Rebpflanzungen angebaut. Am 18. August ist dann ein verheerender Hagelsturm durchgezogen. Die hohen Gründüngungspflanzen haben die zarten, jungen Reblein gut geschützt gegen das Unwetter.

TROCKENHEIT

Durch den Klimawandel wird es bei uns offenbar zunehmend heißer; so geschehen beispielsweise im Jahr 2018. Die Reben lieben zwar viel Sonne und Hitze, doch der Boden wird dabei stellenweise zu trocken. Wir haben auf unserem Land auch Partien mit Sand und Kies, wo der Boden sehr wenig Wasserhaltevermögen hat. Und weil die dort angepflanzten, noch jungen Reben mit ihren Wurzeln die weiter entfernten, tiefgründigen, tonhaltigen und feuchteren Bodenpartien noch nicht erreicht hatten, begannen sie nun zu welken. Zuerst zogen sie die Blätter ein wenig zusammen, dann stießen sie die obersten Ranken ab. Als Nächstes dorrten die Triebspitzen ein, bald fielen rund um die Trauben die Blätter dürr zu Boden. Die Beeren an den Trauben blieben klein, trockneten ein und blieben sauer, weil ihr Reifeprozess gestoppt wurde. Wir haben uns sehr kurzfristig entschieden, in den betroffenen Parzellen eine Tröpfchenbewässerung einzurichten, was dank des eigenen Quellwassers auf dem Hof möglich ist. 2019 konnten wir dann in einer achtwöchigen Trockenperiode diese Reben bewässern und das Weiterwachsen sicherstellen, was sich an einer guten Traubenqualität bei der Lese gezeigt hat. Auch die frisch gepflanzten Reblein auf kiesigen Stellen wären ohne Bewässerung verdurstet.

Eigentlich ist das Ganze ein wenig paradox: Wir bauen Rebsorten an, die wir praktisch nicht mehr spritzen müssen und somit weder Diesel verbrauchen noch CO_2 ausstoßen, also einen Beitrag gegen die Klimaerwärmung leisten. Und trotzdem müssen wir nun kostenintensive Maßnahmen ergreifen, um uns an den Klimawandel anzupassen.

5 PILZBEFALL BEI DEN ANFÄLLIGEN EUROPÄER-REBEN

Drang früher das Prasseln der Regentropfen an mein Ohr, erwachte ich jeweils und wurde unruhig: Wieder eine Nacht für den Falschen Mehltau-Pilz! Der immer gleiche Film begann sich im Kopf abzuspulen: In der Wetterprognose nachschauen, wie lange es regnet und wie schnell der nächste Regen heranzieht; vor Tagesanbruch die Spritze montieren, damit wir die Flächen durchspritzen können, bevor es wieder regnet; müssen wir uns ablösen über die Essenspausen und bis weit in die Nacht hinein fahren?

Da war es logisch, dass wir intensiv nach einem Ausweg aus dieser Sackgasse hin zu einem besseren biologischen Rebbau gesucht haben. Bevor wir aber zur Lösung – den pilzresistenten Rebsorten kommen – wollen wir in diesem Kapitel den Falschen Mehltau-Pilz, den schlimmsten Schaderreger, genauer kennenlernen.

ABGESCHIRMT VON SCHADERREGERN ENTSTANDEN IN EUROPA ANFÄLLIGE SORTEN; GROSSE REBBAUKRISE NACH DER EINSCHLEPPUNG

Bis Mitte des 19. Jahrhunderts war Europa ein Kontinent, auf dem die Rebe ohne wichtige Schaderreger in fast paradiesischem Zustand gedeihen konnte. Anders in Amerika, wo drei aggressive Schaderreger schon immer Begleiter der Wildrebe waren: der Falsche Mehltau-Pilz (*Plasmopara viticola*), der Echten Mehltau-Pilz (*Oidium tuckeri*) und das Insekt namens Reblaus (*Phylloxera vastatrix*). Dieser Umstand hat über viele Tausend Jahre dazu geführt, dass sich in Amerika und in anderen Kontinenten durch natürliche Selektion diejenigen wilden Rebenarten durchsetzen konnten, die den Angriffen der Schadorganismen standhielten. In Amerika wurde die Rebe ursprünglich nicht kultiviert. Ihre Resistenz war zwar ausgeprägt, aber die Rebarten behielten ihre Wildform. Ihre Trauben haben ganz kleine Beeren und oft einen sehr speziellen Geschmack. Durch Kreuzung der Wildarten mit Europäer-Sorten können die genetischen Grundlagen der Widerstandskraft für einen zukunftsorientierten Bioweinbau nutzbar gemacht werden. Diese Züchtung wird im Kapitel 7 erklärt.

Abgeschirmt von den aggressiven Schaderregern, konnten in Europa aus der europäischen Rebe *Vitis vinifera* jahrhundertelang Sorten selektioniert werden, die große, zuckerhaltige Trauben mit ausgereifter Weinaromatik ausbildeten. Die Selektion auf natürliche Abwehr war hingegen nicht notwendig, da keine Schadorganismen zugegen waren. Diese fehlende Resistenz wurde allerdings sozusagen über

Nacht zum schwerwiegenden Problem, als aus Amerika der Falsche Mehltau-Pilz eingeschleppt wurde. Eine unvorstellbare Epidemie raffte in der Folge einen riesigen Teil der europäischen Rebberge innert weniger Jahre dahin; ein Drama, das unter dem Namen »Rebbaukrise« in die Geschichte eingegangen ist.

Und die Geschichte wiederholt sich: Wegen enormer globaler Mobilität mittels Flugverkehr wurde bei uns die hochaggressive Kirschessigfliege (*Drosophila suzukii*) aus Asien eingeschleppt. Im Jahr 2014 hat sie sich vom Frühling an epidemisch auf allen möglichen Früchten vermehrt und dabei eine riesige Zerstörung angerichtet. Seither bangen wir Winzer jeden Herbst um unsere Ernte.

WINTERSPORE DES FALSCHEN MEHLTAUS MIT NEU KOMBINIERTER GENETIK

Der Falsche Mehltau-Pilz bildet gegen den Winter hin eine bestimmte Überlebensform aus, die Wintersporen, die mit dem Laub zu Boden fallen und die Frostperiode im Mulch überdauern. Wenn es dann im Frühling wieder warm wird, werden die Sporen durch Regenspritzer auf das frische grüne Reblaub geschleudert, wo diese auskeimen. Was für geniale Überlebensstrategien es in der Natur gibt! Bei der Bildung der Wintersporen im Herbst kombinieren sich nämlich genetisch unterschiedliche Linien des Falschen Mehltau-Pilzes in einem sexuellen Zyklus neu, wodurch in den Wintersporen neue Kombinationen von Erbeigenschaften entstehen. Also werden wir Winzer damit konfrontiert, dass im Frühling jedes Mal neue genetische Stämme des Pilzes unsere Reben angreifen. Dies erfahren besonders konventionelle Winzer schmerzlich, die synthetische Pflanzenschutzmittel gegen den Pilz einsetzen. Viele dieser Mittel haben die Wirkung verloren, weil der Pilz durch den erwähnten Evolutionsprozess Nachkommen ausbildet, welche gegen das Spritzmittel resistent sind. Zudem verläuft beim Falschen Mehltau die Neukombination der Gene und die anschließende Selektion der widerstandsfähigsten Pilzstämme so schnell,

dass der Pilz die Wirkungsmechanismen der künstlichen, synthetischen Fungizide manchmal innerhalb weniger Jahre zu überwinden vermag. Die so entstandenen Pilzstämme haben dank der Spritzmittel keine Konkurrenz von den bisherigen, verwandten Stämmen, weil jene durch das synthetische Spritzmittel zuvor eliminiert worden sind. Solange der Winzer dies nicht weiß, vermehren sich diese Pilzstämme trotz Spritzungen so rasch, dass zuweilen schon der ganze Rebberg befallen ist, bis die Winzer dies merken.

Mechanismen der Überwindung von Abwehrkräften durch die Schadpilze können bei resistenten Rebsorten natürlich auch stattfinden. Dies ist bereits geschehen, weil bei der Kreuzung eine Zuchtlinie verwendet wurde, welche nur ein einziges Resistenzgen hatte. Nach einigen Jahren war die neu entstandene Sorte nicht mehr resistent. Der Pilz muss dann sozusagen mittels Evolution neuer Stämme nur den Abwehrmechanismus eines Pflanzengenes überwinden. Dies ist viel einfacher, als wenn er sich gegenüber sehr vielen verschiedenen Abwehrprozessen auf vielen verschiedenen Genen der Rebe anpassen und neue Stämme entwickeln müsste. Sorgfältige Züchter achten deshalb darauf, viele verschiedene Zuchtlinien mit ganz unterschiedlichen und vielfältigen Resistenzgenen miteinzubeziehen. Einfach formuliert ist es so: wer Resistenzzüchtung an der Pflanze macht, veranlasst auch die Natur wiederum zur Züchtung resistenter Schaderreger. Wenn wir uns vorstellen, dass in einem Rebberg allein in einem Sommer eine riesige Anzahl von Generationen des Falschen Mehltau-Pilzes entstehen kann, wird deutlich, mit welcher Anpassungsfähigkeit und somit Überlebenskraft hier die Natur am Selektionieren ist.

PRIMÄRINFEKTIONEN DES FALSCHEN MEHLTAUS

Die Bedingungen für eine Primärinfektion, also die Keimung der Wintersporen, sind erfüllt, wenn eine Temperatursumme seit Jahresbeginn von mindestens 140 Grad-Stunden (aufsummiert von den Tagesmittelwerten über 8 °C) erreicht und eine Minimaltemperatur von 10 °C vorhanden ist sowie bodendurchnässende Niederschläge die reifen Sporen mit Regenspritzern auf die Blätter transportieren. Die freigesetzten Zoosporen können dank ihrer zwei Geißeln aktiv über die Spaltöffnungen in die Blätter und jungen Blütchen der Gescheine eindringen.

Forschungsinstitute, wie z.B. Agroscope in der Schweiz, stellen hochentwickelte Prognosesysteme zur Verfügung, die den Winzern helfen, das Verhalten des Falschen Mehltaus im Rebberg zu antizipieren. Solche Prognosesysteme basieren auf einem dichten Netz von elektronischen Wetterstationen und sagen mit Modellrechnungen den Infektionsverlauf voraus. Der Winzer kann sich damit täglich über das Infektionsrisiko und den weiteren Verlauf der Epidemie in seiner Gegend online informieren. Es bleibt jedoch eine gewisse Unsicherheit: Neue Untersuchungen weisen darauf hin, dass es Situationen gibt, bei denen es auch bei tieferen Temperaturen, kürzerer Dunkelperiode oder bei nur kurzer Blattnässe zu Infektionen kommen kann. Noch ist unklar, wann und warum solche Effekte möglich sind. Auf alle Fälle stellen sie aber die Prognosesysteme nicht infrage, sie machen nur deutlich, dass es sich dabei um ein Berechnungsmodell handelt und die Realität in der freien Natur zuweilen etwas komplizierter ist. Zudem darf man nicht vergessen, dass die Gegebenheiten von Rebberg zu Rebberg andere sind und die jeweiligen Kombinationen der Infektionsbedingungen ebenso. Also sind Beobachtung, Erfahrung und Urteilsvermögen des Winzers nebst dem Prognosemodell unentbehrlich. Trotzdem sind technische Fortschritte sehr hilfreich: Seit Kurzem können Infektionen auch mittels hochsensibler Wärmebildkamera sehr früh festgestellt werden. Denn sobald der Pilz in die Pflanze eindringt, verändern sich enzymatische Prozesse und die elektromagnetische Mikrospannung auf den Blättern. Die Wärmeabstrahlung des befallenen Gewebes vermindert sich gegenüber des gesunden Pflanzenteils. Ob der Winzer bald die meiste Zeit am Bildschirm zur Überwachung seiner Reben verbringt?

EXPLOSIONSARTIGE SEKUNDÄRINFEKTIONEN DURCH DEN FALSCHEN MEHLTAU IN WARMFEUCHTEN GEWITTERNÄCHTEN

Wenn Wintersporen mit ihrem Keimschlauch den Weg in die Spaltöffnungen finden, nisten sie sich dort ein. Sehr schnell wachsen daraus Pilzfäden ins umliegende Pflanzengewebe hinein und nehmen Nährstoffe aus den Zellen der Rebe auf. Mit rasender Geschwindigkeit werden dadurch die grünen Zellen der Rebe abgetötet. Gleichzeitig wachsen auch feinste Pilzfäden auf die Außenseite der grünen Pflanze; am Ende jedes solchen Fadens ist eine kugelige Struktur zu erkennen: die neuen Sporen. Dabei handelt es sich um sogenannte Sommersporen, welche die Sekundärinfektion der Reben verursachen. Der Pilz vermag diese Sporen in unglaublich schnellem Tempo und in riesiger Zahl zu entwickeln. Da es zudem nur wenig Wind zu ihrer Verfrachtung braucht, breitet sich die Sekundärinfektion rasend schnell im Rebberg aus. Sekundärsporen können schon bei tiefen Temperaturen ab etwa 6° C keimen. Entsprechend können in unseren Breiten Sekundärinfektionen bei feuchtem Wetter fast jede Nacht während der Vegetationsperiode von April bis Oktober stattfinden. Schon ein kleines Gewitter am Abend oder Tau über Nacht können genügen, um bei ungeschützten und krankheitsanfälligen Rebsorten verheerende Epidemien auszulösen.

Starke Sekundärinfektion sind mit biologischen Pflanzenschutzmitteln auch bei sehr häufigen Spritzungen fast nicht mehr zu stoppen. Man kann sich das so vorstellen, dass in der Luft im Rebberg überall kleine Pilzsporen schweben und permanent auf die Reben fallen. Wo immer sie auf grüne und ungeschützte Stellen treffen und ihre Keimbedingungen erfüllt sind, entwickeln sie innerhalb weniger Stunden oder Tage ein intensives Pilzgewebe und zerstören in der Folge das Pflanzengewebe. Sind die Bedingungen für den Pilz weiterhin günstig, folgen weitere Pilz-Generationen schon nach wenigen Tagen. Außerdem muss man sich vor Augen halten, dass die Infektionen nicht alle zur gleichen Zeit, sondern gestaffelt und nebeneinander ablaufen, sich im Rebberg also permanent verschiedene Sekundärinfektionen in unterschiedlichen Stadien entwickeln. Nebst diesen Sekundärinfektionen können aus Wintersporen während der ganzen Vegetationszeit immer wieder Primärinfektionen vom Boden her mit Regenspritzern auf die Rebe gelangen, was die Virulenz des Pilzes noch weiter erhöhen kann, weil diese Wintersporen wieder neue Genkombinationen mit ins Spiel bringen! Einem solchen vielschichtigen Prozess in einer längeren, heiklen Wetterperiode mit biologischen Pflanzenschutzmitteln wieder Herr zu werden, ist äußerst anspruchsvoll und aufwendig.

6 SCHMERZHAFTE ERFAHRUNGEN BEIM BIOPFLANZENSCHUTZ MIT ANFÄLLIGEN EUROPÄER-REBEN

Als ich 1984 meine ersten Spritzversuche mit Kupfer und Schwefel bei der anfälligen Sorte 'Blauburgunder' machte, war es unter den damaligen Bioweinbaupionieren noch üblich, 10 kg Reinkupfer pro Hektar und Jahr zur Bekämpfung des Falschen Mehltaus zu verwenden. Um diesen relativ hohen Bedarf an Kupfer zu senken, erprobten wir zusammen mit Andreas Häseli vom Forschungsinstitut für biologischen Landbau (FiBL) im schweizerischen Frick Spritzungen mit niedrigen Kupfermengen. Zugleich machten wir auch Versuche mit Phosphonat (auch Kaliumphosphit genannt), welches Andreas Häseli als neues, potenziell interessantes, biologisches Pilzbekämpfungsmittel entdeckt hatte. Ungefähr zur gleichen Zeit erhielt ich eine Sonderbewilligung für die Pflanzung der damals noch nicht offiziell zugelassenen pilzresistenten Rebsorte 'Maréchal Foch'. So beschritten wir vorerst also zwei ganz unterschiedliche Wege: Wir mühten uns bis zur Erschöpfung mit der Bioabwehrmittel-Spritzerei beim anfälligen 'Blauburgunder' ab und erlebten gleichzeitig die Befreiung davon bei der PIWI-Sorte 'Maréchal Foch'.

VERHEERENDES REGENJAHR 1999 FÜR 'BLAUBURGUNDER'-REBEN

Im Sommer 1999 gab es oft nur ein, zwei trockene Tage zwischen den Regenschauern; in unserer Region lag die Niederschlagsjahresmenge bei 1400 mm statt wie gewohnt bei 800 mm. Der Rhein trat stellenweise wochenlang über die Ufer. Wir hatten zu diesem Zeitpunkt zwar schon viel Fläche mit pilzresistenten Rebsorten bepflanzt, aber es blieben noch zwei Hektaren 'Blauburgunder'. Wann immer möglich, war ich deshalb mit der Spritze unterwegs, oft erwischte mich dabei aber der nächste Regen schon, bevor alle 'Blauburgunder'-Reben fertig gespritzt waren. So fraß sich fast täglich eine neue Mehltauinfektion in meine Reben, was mit den reduzierten Kupfermengen nicht mehr wirklich zu stoppen war. Überall lachten uns in der Folge die großen Mehltauflecken an den Blättern hämisch an; auch die Trauben waren schon befallen. Etwa Ende Juli war mein für Biowinzer zulässiges Kontingent für Kupfer – 4 kg pro Hektare – aufgebraucht. Was also tun? Wir wechselten auf das Tonerdemehl Mykosin, welches aber in dieser verheerenden Situation wirkungslos blieb. Wir mussten also zusehen, wie unsere Reben Blätter und Trauben verloren, bis im August die 'Blauburgunder'-Reben völlig kahl waren.

Wie ist es einem Biowinzer zumute, wenn er im völlig entlaubten Rebberg steht? Ein jämmerlicher, trauriger, ja ruinöser Anblick. Unbeschreibbar auch der Herbst ohne Weinlese! Bekanntlich braucht die Rebe die Blätter im Herbst noch für das Ausreifen des Holzes, damit Reserven für den Winter und das Folgejahr eingelagert werden können. Klar, dass im folgenden Frühling der Rebschnitt bei den 'Blauburgunder'-Reben mit so schlechtem Holz sehr aufwendig war und die Reben dann im Sommer zudem fast keine Trauben trugen. Wir entschieden uns, die verbliebenen 'Blauburgunder'-Reben so rasch, wie dies finanziell verkraftbar war, durch pilzresistente Sorten zu ersetzen; eine zweite Fehlernte dieses Ausmaßes wollten und konnten wir nicht riskieren.

NOTFALLS SOGAR DEN PILZRESISTENTEN REBSORTEN HELFEN

Ebenfalls 1999 schlich sich der Falsche Mehltau-Pilz schon vor der Blüte auf Blätter und Trauben auch bei den resistenten Rebsorten ein. Wegen anhaltender Feuchtigkeit konnte sich sogar die sehr robuste Sorte 'Maréchal Foch' nicht mehr ausreichend wehren. Mit Schrecken entdeckten wir größere verpilzte Blattstellen, zwar noch recht gut mit vitalen Zellen eingegrenzt. Sofort haben wir daraufhin das Tonerdemehl Mykosin gespritzt. Doch der Pilzrasen wuchs weiter ins Pflanzengewebe hinein; also entschieden wir uns für das wirksamere Kupferspritzmittel. Zum Schutz der Gescheine und anschließend der jungen Beeren mussten wir mehrere Kupferspritzungen machen. Bei der letzten Spritzung Ende Juli prasselte dann ein schweres Gewitter über mich herein, bevor ich die letzten vier Reihen 'Maréchal Foch' fertig gespritzt hatte. Bei der Ernte im Herbst fiel uns dann auf, dass diese vier Reihen deutlich mehr absterbende Blattpartien aufwiesen als die anderen. Trotz Verdünnung vom Regen hatte das Kupfer auf den gespritzten Reihen der Rebe also zusammen mit ihrer Resistenz zu weniger Mehltaubefall verholfen. Ähnliches beobachteten wir später bei der Sorte 'Solaris'. Weil sie damals an die Sorte 'Blauburgunder' grenzte, konnte ich mehrere Reihen weit die Abdrift meiner Kupferspritzungen feststellen.

SPRITZEN DER ANFÄLLIGEN EUROPÄER-SORTEN

Bei Europäer-Sorten muss die erste Spritzung von etwa 100–200 g Reinkupfer bei uns oft schon früh im Mai stattfinden. Die Reben müssen vor der ersten Pilzinfektion vollständig mit Kupferspritzmittel geschützt werden, damit möglichst alle Pilzsporen vom Kupfer-Ion an der Keimung gehindert werden. Allerdings wird durch den Regen diese kleine Menge Kupfer auf den Blättern schnell wieder abgewaschen und die Nässe führt zu weiteren Infektionen. Da die Rebe in dieser Phase auch schnell wächst, entsteht dadurch ungeschütztes, neues Grün. Zudem beschleunigt in dieser Jahreszeit auch der Falsche Mehltau-Pilz seinen Vermehrungszyklus dank steigender Temperaturen. Also müssen je nach Witterung rasch weitere Spritzungen erfolgen. Im biologischen Anbau sind maximal 4 kg reines Kupfer pro Hektare und Jahr zulässig, damit die Anreicherung des Metalls im Boden über Jahrzehnte auf tiefem Niveau gehalten wird. Die Spritzungen müssen regelmäßig bis etwa Mitte August erfolgen, manchmal, wenn es immer wieder regnet, alle paar Tage von Neuem. Das ergibt ungefähr 10–20 Fahrten pro Saison, also pro Applikation durchschnittlich 100–400 g Reinkupfer. Dies ist der Zeitraum, in welchem auch konventionelle Winzer trotz hochwirksamer, synthetischer Spritzmittel den Pilz fürchten müssen. Zwar sind diese künstlichen Pflanzenschutzmittel so entwickelt worden, dass sie auf der Pflanze gut haften, sogar in die grünen Zellen der Rebe eindringen oder mit dem Rebensaft in der ganzen Pflanze verteilt werden. Nichtsdestotrotz werden in Regenperioden infizierte Blätter in konventionellen Rebbergen gefunden: Der Pilz ist sehr aggressiv geworden.

DIE ENTDECKUNG DER BORDEAUX-BRÜHE

Der Geschichte nach soll der Botanikprofessor Pierre-Marie Alexis Millardet (1838–1902) aus Bordeaux offenbar 1885 während der Rebbaukrise einen Rebberg gefunden haben, bei welchem die Reben am Weg nicht krank waren. Der Winzer dieser Reben hatte diese gegen Diebstahl blau angespritzt, mit einer Mischung aus Kupfervitriol und Kalkpulver. So soll ganz ohne entsprechende Absicht die heute noch gebräuchliche »Bouille Bordelaise«, die Bordeaux-Brühe, entdeckt worden sein. Millardet konnte in Versuchen ihre Wirksamkeit zeigen. Anfänglich zögerten die Winzer, sie einzusetzen; einerseits gab es noch wenig Spritzgeräte; anderseits wollte aber auch der Handel diese mit Kupferkalk blau gespritzten Trauben nicht kaufen. In der Folge weitete sich der Befall des Falschen Mehltaus zur Rebbaukrise aus. Die Akzeptanz des neuen Mittels stieg erst, als die Rebbaukrise völlig aus dem Ruder lief: Als Gegenmaßnahme erklärte beispielsweise der Zürcher Regierungsrat mit einem Beschluss vom 9. Mai 1890 die Kupferspritzung nach der Blüte für obligatorisch, ab 1908 wurde dann auch eine Behandlung vor der Blüte vorgeschrieben.

KUPFER-ION STOPPT ENZYMBILDUNG IM FALSCHEN MEHLTAU-PILZ

Wie reagiert nun der Winzer, der biologisch anbaut? Findet eine Primärinfektion vor der ersten Kupferspritzung statt, hat er den richtigen Moment bei den anfälligen Europäer-Sorten bereits verpasst. Er sollte den Pilzbefall im Voraus spüren! Die im biologischen Weinbau verwendeten Naturstoffe zur Bekämpfung des Falschen Mehltau-Pilzes müssen rechtzeitig auf die grünen Pflanzenteile gespritzt werden, damit sie bereits das Auskeimen der Sporen verhindern. Das Kupfer, ein natürlich vorhandenes Metall, z.B. als Kupferkalkpulver oder Bordeaux-Brühe in Wasser aufgelöst, soll, möglichst flächendeckend und in feinste Tröpfchen verteilt, auf alle grünen Pflanzenteile gespritzt werden. Der Kalk sorgt dabei für eine gute Verteilung und Anhaftung des Kupferkristalls auf der Rebe. Die mikrokleinen, schmalen, nadelförmigen Kupfersalzkristalle kleben dann überall auf der grünen Pflanzenhaut. Die Blattunterseiten müssen sehr gut bespritzt werden, denn hier dringt die Spore des Falschen Mehltau-Pilzes in die Spaltöffnungen ein. Wenn das Blatt feucht ist, lösen sich Kupfer-Ionen in diesem Wasserfilm auf und sind in der Folge auf den Zellen der Blatthaut aktiv. Das Kupfer-Ion kann dann seine toxische Wirkung entfalten. Es hindert den Pilz daran, ein Enzym zu bilden, welches für seinen Stoffwechsel lebensnotwendig ist; die Spore stirbt in der Folge ab. Kupferkalk hat einen hohen pH-Wert und kann sogar den Pilzrasen verätzen, wodurch dieser abstirbt. Das kann im Notfall bei starkem Pilzbefall genutzt werden, indem eine Spritzung mit höherer Dosis gemacht wird, nach meinen Beobachtungen ab etwa 500 g Reinkupfer pro Hektare.

KUPFER – EIN METALL MIT TOXISCHER WIRKUNG

Die Wirkung von Kupfer kann man im Alltag gut beobachten: Auf den Ziegeldächern entwickeln sich Flechten, also nährstoffmobilisierende Pilze, die in einer Symbiose mit fotosyntheseaktiven Grünalgen und Cyanobakterien leben. Sie sind sehr empfindlich auf Umweltverschmutzung und deshalb vorzügliche Bioindikatoren. Befindet sich auf einem Dach nun ein Stück Kupferblech, so wachsen unterhalb davon keine Flechten: Das Regenwasser hat diese mit den ausgelösten Kupfer-Ionen vergiftet und für die Flechten unbewohnbar gemacht. Oft werden ganze Giebel aus Kupfer montiert, damit das ganze Dach sauber bleibt, was allerdings zu einer erheblichen direkten Verschmutzung des über die Dachrinne abgeleiteten Wassers mit Kupfer führt. Weil hingegen das in der Landwirtschaft gespritzte Kupfer sich zu fast 100 % an Bodenteilchen bindet, ist der direkte Eintrag aus der Landwirtschaft ins Wasser sehr gering. Trotzdem soll der Bioweinbau die Kritik an den Kupferspritzungen ernst nehmen. Es ist aber alles eine Frage des Maßes, weshalb in den Bioreglementen die Kupfermenge pro Hektar Reben auf 4 kg pro Jahr begrenzt wurde. Zwar müssen wir neuerdings auch bei den pilzresistenten Rebsorten in schwierigen Jahren 1–3 Kupferspritzungen machen, mit einer Dosis von je etwa 100 g pro Hektare. Trotzdem dürfen wir mit großem Stolz unsere Weinstöcke zeigen, welche dicht und dick bewachsen sind von Flechten aller Couleur und von wunderschön grünem Moos. Offenbar ertragen diese hochempfindlichen Lebewesen diese wenigen Spritzungen.

BODENBELASTUNG MIT KUPFER: WISSENSCHAFT VERSUS PRAXIS AM BEISPIEL DES REGENWURMS

In Versuchen wurde die Schädlichkeit von Kupfer am Regenwurm und verschiedenen anderen Bodenlebewesen studiert. Um wissenschaftlich zu differenzieren, wurde vorwiegend sterilisierter Boden verwendet, welchem dann die zu untersuchenden Bodenlebewesen und unterschiedlich hohe Kupferdosen zugefügt wurden. Das scheint mir aus versuchstechnischer Sicht zwar grundsätzlich richtig zu sein, kritische Fragen kann man aber zu den Ergebnissen aus solchen Versuchen trotzdem stellen: Sind die vielfältigen Prozesse in einem lebendigen Boden vergleichbar mit sterilen Versuchsböden? Sind einzeln zugefügte Bodenlebewesen im sterilen Versuchsboden vergleichbar mit dem vielfältigen Zusammenwirken der unzähligen, verschiedenen Lebewesen in einem lebendigen Boden? Als die Resultate obiger Studien bekannt wurden, hatte ich noch eine kleine Fläche 'Blauburgunder' und musste diese weiterhin mit 4 kg Kupfer pro Jahr und Hektare spritzen. Gemäß der oben erwähnten Versuche hätte diese Menge Kupfer den sicheren Tod aller Regenwürmer bedeuten müssen. Doch bei jeder Spatenprobe fanden wir mindestens 1–2 Prachtsexemplare pro Spatenstich. Hochgerechnet sind das 70–140 Regenwürmer pro m^2 oder 0,7 bis 1,4 Mio. Regenwürmer pro Hektar! Das entspricht so um die 2000 kg Regenwürmern pro Hektare, was ein guter Wert ist; vergleichbar mit jenem einer extensiven Wiese. Worin könnte also der Unterschied zwischen den Resultaten aus den wissenschaftlichen Versuchen und der Erfahrung im eigenen Rebberg liegen? Eine mögliche Antwort ist, dass im sterilisierten Boden die organischen Teile, also auch die Humusverbindungen, durch die Erhitzung zerstört werden. Kupfer haftet dadurch nicht mehr am Humus, sondern wird wasserlöslich. In dieser Form ist es für die Bodenlebewesen wesentlich gefährlicher, als wenn es fest am Humus haftet.

ANREICHERUNG IM BODEN

Kupfer-Ionen werden sehr gut an Humus gebunden und reichern sich an, die Verweilzeit im Boden wird etwa auf 800 Jahre geschätzt. In der Schweiz gilt der Grenzwert für einen maximalen Gehalt im Boden von 50 mg Reinkupfer pro kg lufttrockenem Boden, in der EU wurde er auf 150 mg festgelegt. Werden jährlich 4 kg Reinkupfer pro Hektare gespritzt, so dauert es für den Schweizer Grenzwert etwa 100–150 Jahre, bis dieser erreicht ist. In einer Hektare können die Reben

etwa 10 g Kupfer als Mikronährstoff pro Jahr aufnehmen, und etwa 80 g werden durch die Bodenlebewesen freigesetzt und können nach Regenfällen mit Sickerwasser ausgewaschen werden. Vom gespritzten Kupfer werden mit der Ernte der Trauben gemäß Erhebungen und Schätzrechnungen etwa 300 g Reinkupfer pro Jahr und Hektar weggeführt. Um ein Gleichgewicht zwischen Spritzeintrag und Austrag mit Auswaschung und Ernte zu bekommen, könnte mit etwa 400 g Reinkupferspritzung pro Hektar Reben jährlich gerechnet werden. Das ist bei mittelmäßig pilzresistenten Rebsorten machbar. Bei anfälligen Sorten sind wir aber mit den biozulässigen 4 kg pro Hektare und Jahr im Rebbau weit über diesem Gleichgewichtswert. Auch wenn das gespritzte Kupfer rasch und sehr beständig an Humus gebunden wird, bleibt es im Boden.

Ich meine: Biowinzer, welche die anfälligen Europäer-Reben im Rebberg stehen haben, müssen diesen Fakt unbedingt zur Kenntnis nehmen. Denken wir also an unsere Nachfahren: Der Anbau von PIWI-Sorten ist langfristig für gesunde Böden unabdingbar! Wir können nicht ewig argumentieren, dass die Kunden unbedingt Wein aus Europäer-Sorten wünschen, sondern wir müssen uns die Mühe geben, ebendiesen Kunden zu zeigen, dass PIWI-Weine zwar anders, aber auf ihre Art wunderbar schmecken. Unser blauer Planet wird es uns danken. Wir haben gar keine andere Wahl!

HEISSER STREIT UM KUPFER IM BIOWEINBAU

Der emotionale Streit um Kupfer zeigt auf die Achillessehne der Biowinzer. Doch die Kritik der konventionellen Landwirtschaft am Kupfer lässt beinahe vergessen, dass Kupfer auch dort in großen Mengen gespritzt wird – und welche Schäden die künstlichen, chemisch-synthetischen Spritzmittel verursachen, wird dabei noch gar nicht erst angesprochen!

Aus der Schweiz konnte ich keine Zahlen zum Kupferverbrauch in der Landwirtschaft ermitteln. Für Deutschland hingegen schätzen Forscher des Julius Kühn Instituts den Reinkupferverbrauch für den Pflanzenschutz in der Landwirtschaft für 2008 auf total 324 t. Der Verbrauch davon im biologischen Landbau wurde auf etwa 10 %, d.h. auf 34 t geschätzt. In einer späteren Studie aus dem Jahr 2014 wurde der Kupferverbrauch erneut abgeschätzt. Dabei kamen die Forscher auf den Wert von 26 t im Biolandbau und 85 t in der konventionellen Landwirtschaft. Erfreulicherweise kann also ein deutlicher Rückgang des Kupferverbrauchs im Pflanzenschutz festgestellt werden, allerdings bleibt in der konventionellen Landwirtschaft aber noch immer das Problem mit den vielen Tonnen synthetischer Spritzmittel bestehen…

KUPFERMINIMIERUNG, TONERDEMEHL UND PHOSPHONAT

Zu Beginn der Vegetationsperiode kann Kupfer den jungen Rebblättern ein wenig schaden, sie sind etwas gelblicher. Ich habe dies erlebt, als es in meiner Jugend noch üblich war, pro Spritzung auch im konventionellen Weinbau mehrere Kilogramm Kupfer zu spritzen. Man hat damals angenommen, dass dieser Kupferstress die Reben abhärtet. Heute spritzen wir nur noch 100 oder 200 g Reinkupfer pro Hektare und verwenden die milde Bordeaux-Brühe, wodurch dieses Problem weitgehend gelöst ist. Oft wird zu Beginn der Vegetationsperiode zur Einsparung von Kupfer auch die schwefelsaure Tonerde Mykosin verwendet. Sie wirkt gegen den Falschen Mehltau aber schwächer als Kupfer. Wird später auf Kupfer gewechselt, können ihre Rückstände auf den Blättern zusammen mit dem Kupfer auch zu Verbrennungen führen. Aus diesem Grund wird ein Regen von etwa 25 mm abgewartet, welcher die Tonerde weitgehend abwäscht, bis dann auf Kupferspritzung gewechselt wird. Andreas Häseli vom Forschungsinstitut für Biolandbau (FiBL) im schweizerischen Frick hat als Alternative für den Bioweinbau das Kaliumphosphit, eine einfache,

mineralische Phosphor-Kalium-Verbindung entdeckt. Dieses Mittel (Phosphonat genannt) hat eine sehr gute Wirkung gegen Falschen Mehltau-Pilz: Es zerstört den schon vorhandenen Pilzrasen, wird außerdem in den Pflanzensaft aufgenommen und schützt die Rebe so von innen gegen den Pilz, regt die Abwehrkräfte der Rebe an und wirkt bis zu zwei Wochen, also auch in neu wachsendem Gewebe! Durch den Einsatz dieses Wundermittels bis kurz nach der Blüte gelang es uns, die Kupfermenge und die Anzahl Spritzungen beachtlich zu reduzieren und dabei die Reben befallsfrei zu halten. Da auch andere Biowinzer solch ausgezeichnete Erfahrungen machten, wurde daraufhin die Kupfermenge in den Biorichtlinien auf 4 kg Kupfer pro Hektare und Jahr gesenkt. Doch es war ein schwerer Schlag, als dann Phosphonat für Biolandbau in der Schweiz und später auch in der EU aus der Zulassung gestrichen wurde.

Grund dafür war, dass sich die Meinung durchsetzte, Phosphonat sei kein echter Naturstoff. Inzwischen sind jedoch verschiedene Phosphonate im Stoffwechsel von Pflanzen identifiziert worden; der Nachweis der ersten Phosphonate in Pflanzen gelang sogar schon in den 1960er-Jahren, was den Experten, die sich für die Streichung von Phosphonat aus den Biorichtlinien stark machten, offenbar nicht bekannt gewesen war. Phosphonat ist lebensmitteltauglich und harmloser als Kochsalz, in der Natur löst es sich mit der Zeit wieder in die Mineralstoffe Phosphor und Kalium auf. Damit dieser Abbau stattfinden kann und in den Trauben kein Phosphonat mehr vorhanden ist, müsste man den Einsatz auf die heikle Blütenzeit beschränken. Grundsätzlich würde daher heute eigentlich nichts mehr dagegensprechen, Phosphonat im Bioweinbau wieder zuzulassen. Leider ist dies bislang aber noch nicht geschehen.

PILZBEFALL VORTÄUSCHEN, DIE ABWEHR DER REBE STÄRKEN

Noch besser als die genannten Biomittel zu verwenden, ist es natürlich, die Abwehrkraft der resistenten Reben früh, also noch vor einer Infektionsperiode, anzuregen, damit sie auf den Pilzbefall vorbereitet sind. Dieser Vorgang ist nun erforscht. Es sind Substanzen gefunden worden, welche der Pflanze den Angriff der pilzlichen Schaderreger vortäuschen. Die Pflanze reagiert auf einen solchen vermeintlichen Angriff, in dem sie das, was sie für den Pilz hält, einkapselt, vergiftet oder zerstört. Aktuell sind zwei lebensmitteltaugliche Naturstoffe mit diesem Schutzmechanismus im Rebbau in Anwendung: Die Schalen von Krustentieren sowie Fruchtschalen, z.B. von Äpfeln. Erstere bestehen größtenteils aus Chitin und lösen – wenn dieses auf die Rebenblätter ausgebracht wird – bei der Rebe den Eindruck aus, der Falsche Mehltau-Pilz versuche gerade, das Blatt zu befallen. Chitin täuscht sozusagen einen Schadpilz vor. Anderseits täuscht das Pektin vor, dass die Rebe selber bereits vom Pilz zerstörte Zellen hat. Beide Mechanismen lösen eine Gegenreaktion der Rebe aus; sie aktiviert ihre Abwehr. Dies wird auch Resistenzinduktion genannt. Wir testen dieses natürliche Produkt bei den pilzresistenten Rebsorten. Die Idee ist: wenn vor der infektionsreichen und heiklen Phase der Blüte mit dieser Spritzung die Abwehr schon mobilisiert wird, bevor dies der angreifende Mehltau-Pilz tut, wäre selbst die resistente Rebe schon früher und besser auf den Befall vorbereitet. Ziel wäre, dann auf die Kupferanwendung vollständig verzichten zu können.

ECHTER MEHLTAU-PILZ LIEBT HITZE UND WIRD MIT SCHWEFEL VERÄTZT

Bisher war nur vom Falschen Mehltau-Pilz die Rede. Ebenfalls aus Amerika eingeschleppt, kann auch der Echte Mehltau-Pilz Schäden an den Reben verursachen. Der Echte Mehltau kann einerseits den Winter als Pilzrasen auf dem Holz oder in Knospen überleben; diese sind dann die Infektionsherde für den weiteren Befall im Sommer. Anderseits bildet er im Sommer und Herbst Fruchtkörper mit Sporen, welche den Winter auf dem Holz und auf dem abgefallenen Laub überdauern. Nach ausgiebigem Regen im Frühling brechen die Fruchtkörper auf und die Sporen werden freigesetzt. Diese treiben ab 7° C aus, bevorzugen aber warme Temperaturen von 20–30 °C. Im Gegensatz zum Falschen Mehltau-Pilz benötigen die Sporen des Echten Mehltaus dazu fast keinen direkten Kontakt mit Wasser. Hohe Luftfeuchtigkeit beschleunigt jedoch deren Wachstum. Der Echte Mehltau befällt aus dem überwinternden Pilzrasen vom Holz her die austreibenden Knospen, oder er schleicht sich heimlich mittels Sporen in die Laubwand ein, insbesondere auf die Trauben unter den Blättern. Dort ist es ein wenig feuchter und dunkler. Gutes Auslauben fördert die Durchlüftung, also Abtrocknung und Abkühlung der Trauben in der Nacht und hilft gegen Befall. In südlichen Ländern ist der Echte Mehltau-Pilz stärker verbreitet, weil er sich in den warmen Nächten besser vermehren kann als bei uns, wo es in der Nacht oft auch im Sommer etwas abkühlt. Er lebt auf dem grünen Gewebe, ist aber weniger aggressiv als der Falsche Mehltau, weil er nicht ins Pflanzengewebe eindringt. Mit speziellen Saugzellen, den sogenannten Haustorien, heftet er sich an der Pflanzenhaut an und saugt die Nährstoffe aus den Hautzellen. Diese werden dadurch geschädigt, schrumpfen und sterben ab. Auf den Beeren sind diese Zellen gut als blaue Flecken und schrumpelige Verformungen sichtbar. Befallene Beeren trocknen ein oder springen auf und sind daher auf jeden Fall unbrauchbar. Der Winzer fürchtet deren pilzigen, muffigen Geschmack im Wein.

Als natürliches Mittel gegen den Echten Mehltau hat sich Schwefelpulver bewährt. Es wird in Wasser gelöst auf die Reben gespritzt oder als Pulver gestäubt. Bei warmem Wetter entsteht aus dem Schwefelbelag auf der Rebe dann Schwefeldampf, welcher den Pilzrasen verätzt. Schwefel wirkt aber auch vorbeugend. Schon vor der Blüte werden deshalb anfällige Sorten gespritzt, damit sich der Dampf früh genug in der Traubenzone etabliert. Weil Schwefel zugleich auch ein gutes Haftmittel ist, wird es normalerweise bei den Kupferspritzungen gegen Falschen Mehltau mitgespritzt. Aber Vorsicht: Schwefel darf nicht bei allen pilzresistenten Sorten verwendet werden! Er verätzt bei 'Léon Millot' und 'Maréchal Foch' die Blätter, also müssen bei diesen Sorten andere Biomittel verwendet werden, beispielsweise das pflanzliche Fenchelöl oder das mineralische Kaliumbicarbonat.

BOTRYTIS, DER GRAUSCHIMMELPILZ

Ein weiterer gefürchteter Schadpilz ist *Botrytis cinerea*, der Grauschimmel. Er bildet ein weiß-grau-braunes Pilzgeflecht auf zuckerreichem, grünem oder ausreifendem Pflanzengewebe aus. Er ist ein Parasit vieler Pflanzen, der besonders bei viel Feuchtigkeit sein Unwesen treibt. Schon während und nach der Blüte kann er bei sehr regnerischem Wetter die Gescheine oder frisch gebildeten Beeren befallen. Gutes Auslauben beugt dank schnellerem Abtrocknen dem Befall vor. *Botrytis cinerea* liebt stickstoffreiches, weiches, wässeriges Pflanzengewebe. Bereits in den 1980er-Jahren wurde zudem nachgewiesen, dass hohe Gaben von rasch löslichem Stickstoff sowie Bodenbearbeitung im Spätsommer den Botrytis-Befall der Trauben massiv verstärkt. Grund dafür ist, dass auf diese Weise die Rebe in der Reifezeit zu viel Stickstoff aufnimmt, dadurch zu schnell wächst und zu wenig robuste Faserstoffe in den Beerenhäuten bildet. Bei anhaltend feuchtem Wetter kann der Pilz die Beeren beim Weichwerden oder Farbumschlag leichter befallen und richtet in der Folge große Schäden an. Erst besiedelt er die Beerenhaut, dann veranlasst er die Zellen zum Absterben und dringt so weiter ins Gewebe vor, während er sich vom zuckerreichen Pflanzensaft ernährt. Man geht davon aus, dass Kupfer hier zumindest teilweise hilft: Wird es nach der Blüte bis Mitte August ins Traubengerüst gespritzt, so wird die Beerenhaut härter, wodurch der Pilz weniger gut eindringen kann.

7 ZÜCHTUNG VON PILZRESISTENTEN REBSORTEN STATT VIELSPRITZEREI

SPRITZUNGEN HABEN SCHÄDLICHE AUSWIRKUNGEN

Weil anfällige Rebsorten viele Male pro Jahr mit Pflanzenschutzmitteln gegen die Schadpilze geschützt werden müssen, bedeutet dies eine große Zahl von Spritzfahrten durch den Rebberg. Das belastet den Boden durch Verdichtungen und der Treibstoffverbrauch generiert Kohlendioxid, welches bekanntlich klimaschädigend ist. Bei pilzresistenten Reben fallen fast alle Spritzfahrten weg. In unserem Rebberg haben wir dies aufgezeichnet und versucht, aufs gesamte Jahr hochzurechnen: Diese zugegebenermaßen nicht ganz präzise Rechnung zeigt, dass wir in einem durchschnittlichen Jahr bis zu 500 kg CO_2 pro Hektare einsparen können. Weil sich die pilzresistenten Sorten selber wehren, hat man auch nach dem Regen mehr Zeit bis zur Spritzung und kann den Boden einigermaßen trocknen lassen, was die Gefahr für Bodenschäden erheblich reduziert. Bei Europäer-Sorten muss die Spritzung hingegen sehr rasch nach dem Regen erfolgen, weil womöglich schon das nächste Gewitter drohend am Himmel steht, welches die nächste Infektionswelle auslösen könnte. Und immer, wenn man »auf der Spritze sitzt«, entsteht Arbeitsaufwand, der hohe Kosten verursacht und letztlich das Risiko eines Ertragsausfalles doch nicht vollständig auszuräumen vermag.

Nehmen wir an, die gesamte Rebfläche in der Schweiz sei mit pilzresistenten Rebsorten bepflanzt, welche kaum mehr gespritzt würden. Auf dieser Grundlage habe ich einmal modellmäßig versucht, für die gesamte Schweizer Rebfläche (15.000 Hektaren) die Einsparung von Pflanzenschutzmitteln, des Treibstoffverbrauch sowie der Kohlendioxidemission hochzurechnen. Dies ergäbe eine Einsparung von ca. 250 t Spritzmittel, ca. 1,5 Mio. Liter Treibstoff und führte zur Vermeidung von rund 4 Mio. kg Kohlendioxidemissionen. Auch wenn die Zahlen nicht exakt sein können, sind die Größenordnungen beachtlich und sollen zum Nachdenken, oder noch besser, zum Handeln anregen.

Umweltvorzüge der resistenten Sorten wissenschaftlich belegt

Matthias Stucki und Sarah Wettstein, ZHAW Forschungsgruppe Ökobilanzierung

Der Weinbau ist ein materialintensiver und emissionsreicher Zweig der Landwirtschaft. Deshalb ist es von Interesse, die ökologische Nachhaltigkeit des Schweizer Weinbaus mittels Ökobilanz wissenschaftlich zu bewerten. Dazu wurde der ganze Lebenszyklus des Weines, also von der Gewinnung der verwendeten Rohstoffe über den Rebbau, die Weinbereitung bis hin zum Vertrieb und der Entsorgung untersucht. In vier Weinbauregionen der Schweiz wurden aus 24 Parzellen und zusätzlich aus 28 Betriebserhebungen Daten ausgewertet. Konventioneller und biologischer Anbau wurden verglichen, im Speziellen zusätzlich auch anfällige Europäer-Sorten mit pilzwiderstandsfähigen Sorten. In der Folge sind die Resultate bezogen auf den Bioweinbau in Kürze wiedergegeben.

Die Auswertung ergab, dass in den biologischen Rebbergen die pilzwiderstandsfähigen Rebsorten jährlich maximal dreimal gespritzt wurden. Die anfälligen Europäer-Reben dagegen mussten bis zu elfmal mit biologischen Mitteln gegen Pilze gespritzt werden.

Eindrücklich war das Resultat der berechneten gesamten Umweltbelastung gemäß der Methode der ökologischen Knappheit für die Bewirtschaftung verschiedener Rebsorten. Die biologische Bewirtschaftung von resistenten Rebsorten ist gemäß der Studie 61 Prozent weniger umweltbelastend als die Bewirtschaftung von Europäer-Sorten, insbesondere dank großer Einsparung bei den kupferbasierten, biologischen Pflanzenschutzmitteln. Ebenso wird für die pilzresistenten Sorten im Vergleich zu den Europäer-Sorten weniger Treibstoff für Spritzfahrten verbraucht, wodurch der Ausstoß von klimaschädlichen Gasen wie Kohlendioxid bezogen auf die bewirtschaftete Rebberg-Fläche um 12 Prozent gesenkt werden kann.

Die Studie ist hier veröffentlicht: https://www.bafu.admin.ch/dam/bafu/de/dokumente/wirtschaft-konsum/externe-studien-berichte/oekobilanz_von_schweizerweinausoeln-und-biologischerproduktion.pdf

DIE ENTDECKUNG MEINES LEBENS

Dass die beiden Mehltau-Pilze viel Schaden anrichten und das Risiko einer Ansteckung immer groß ist, also die Reben regelmäßig zu spritzen seien, gehörte zum Credo meiner Lehrer an der ETH, wo ich Agronomie studierte. Bodenbelastung, Umweltverschmutzung und Rückstände im Wein wurden gemäß diesem Credo als notwendiges Übel in Kauf genommen. Doch im Wahlfach »Weinbau« stellte ich dem Dozenten derart bohrende Fragen zur Spritzerei, dass er mir hinter vorgehaltener Hand vom Rebsorten-Spezialisten Dr. Pierre Basler erzählte. Dieser pflanze im Sortengarten bei Agroscope in Wädenswil ohne Einwilligung seiner Vorgesetzten pilzresistente Rebsorten an. Dies zu erfahren, elektrisierte mich: Sollte der Traum wahr werden, dass es Reben gibt, die nicht krank werden? Die Mehltau-Pilze und die Spritzerei dagegen hatten mich schon seit meiner Jugendzeit bedrückt – und nun diese hoffnungsvolle Information! Das konnte doch unmöglich sein! Oder doch? Ich wurde selber infiziert, unheilbar, nicht vom Mehltau zwar, sondern von der Vision eines echten, natürlichen, biologischen Weinbaus ohne Spritzmittel; fast unglaublich für meine Bauernohren!

WIE WEHREN SICH DIE RESISTENTEN TRAUBENSORTEN GEGEN PILZSCHÄDEN?

Die Abwehrkraft der resistenten Rebsorten gegen Pilze entspringt der geschickten Kreuzung von verschiedenen, meist amerikanischen, heute aber auch asiatischen Wildreben mit den Europäer-Sorten. Pilzresistente Rebensorten sind somit Kreuzungen zwischen verschiedenen Rebarten (Spezies), früher »Hybriden« oder nun »interspezifische Rebsorten« genannt. Heute verwenden wir hauptsächlich den Begriff »resistente oder robuste Sorten« oder »pilzwiderstandsfähige Sorten«, kurz »PIWI«. Als positive Formulierung hat sich der Begriff »natürlich gesunde« oder »naturgesunde Sorten« gebildet. Damit ist ausdrücklich ihre Eigenschaft der natürlich eingekreuzten Abwehrkraft gemeint und nicht ihre Wirkung als Lebensmittel.

Je mehr Resistenzeigenschaften bei der Züchtung einer neuen Sorte eingekreuzt werden, umso besser und zuverlässiger kann sich diese gegen verschiedene Angriffswege des Pilzes wehren. Beim Kreuzen muss der Züchter sorgfältig und geschickt die verschiedenen Abwehreigenschaften kombinieren. Lernen wir also diese zuerst einmal kennen.

DICKE HAUT VERMINDERT DAS EINDRINGEN DES PILZES

In die Epidermis von resistenten Rebsorten wird viel Silizium eingelagert. Silizium, bekannt in Form von Kieselsäure, verleiht der Zellwand an der Außenhaut enorm hohe Härte und Stabilität. Zudem haben sie eine dickere Wachsschicht auf der äußersten Zellschicht, der Epidermis, als dies bei Europäer-Sorten der Fall ist. Regenwasser fließt dadurch rascher ab. Beides vermindert das Auskeimen der Pilzsporen sowie das Eindringen des Keimschlauches und der Pilzfäden ins grüne Gewebe. Die Oberfläche der Blätter der resistenten Sorten ist auf der Blattunterseite extrem uneben. Unter dem Elektronenmikroskop betrachtet, bietet sich uns ein Bild mit einer schuppenartigen Struktur, oft ist diese sogar behaart. Die Blatthaut ist dank dieser Struktur besser vor dem Kontakt mit den Pilzsporen geschützt, zudem tropft das zur Infektion nötige Regenwasser rascher ab. Wenn jedoch Sporen den Weg in die Spaltöffnung auf der Blattunterseite bei Dunkelheit und Regenfeuchte finden, so kann auch auf resistenten Rebsorten der Pilzrasen zu wachsen beginnen. Dies passiert immer wieder einmal.

KALLUS UND NEKROSEN STOPPEN DAS PILZWACHSTUM

Wie schützt sich die Rebe in dieser Phase gegen den eindringenden Pilz? Gemäß unserem aktuellen Wissen kommen bei Beginn der Infektion zwei Mechanismen zum Tragen: Einerseits reagiert die Rebe mit der Bildung eines Kallusstoffes, d.h. eines Wundgewebes, das den Zugang in die Spaltöffnung des Blattes verriegelt. Die keimende Spore stirbt in der Folge mit ihrem Keimschlauch ab. Bildet sich dennoch irgendwo Pilzrasen, so lässt die Rebe andererseits schnell eine Zellreihe um den Pilzrasen herum absterben. So isoliert sie das Pilzgeflecht, damit dieses nicht ins weitere Gewebe vordringen kann. Diesen Vorgang nennen wir Nekrosebildung. Beide Abwehrreaktionen wirken selbstzerstörerisch. Durch Nekrosen selber abgetötete Blattfläche fehlt für die Fotosynthese und somit für die Zuckerbildung. Mit Kallus verschlossene Spaltöffnungen können kein Gas mehr mit der Luft austauschen, die Fotosynthese und die Atmung werden reduziert.

Auch die Wasserdampfabgabe durch die Spaltöffnung bei Hitze als Kühlungsmechanismus wird deshalb für das Blatt vermindert. Die Folgen davon konnten wir gut bei der Sorte 'Solaris' beobachten: Nach einer infektionsreichen Zeit anfangs August, die eine starke Kallusbildung auslöste, kam Ende August ihr Wachstum fast zum Stillstand, was gut an den welkenden Blättern und den welken Traubenstielen erkennbar war. Das zeigt, dass wir auch bei pilzresistenten Rebsorten in sehr infektionsreichen Zeiten nicht ganz auf den Einsatz von Biopflegemitteln verzichten können.

ABWEHR AKTIVIEREN UND PFLANZENEIGENE FUNGIZIDE BILDEN

Die beiden oben beschriebenen Mechanismen zur Abwehr der Pilzsporen sind eine Art Notwehr der Pflanze, die nur solange greifen soll, bis in der Pflanze andere Abwehrkräfte vollumfänglich aktiviert sind. Diese Aktivierung beginnt sofort mit den ersten Infektionsversuchen des Pilzes; sie lösen in der Pflanze Alarmsignale aus, welche die Abwehraktivität im Stoffwechsel der Rebe weckt. Man könnte diesen Prozess mit dem Aktivieren des Immunsystems bei uns Menschen vergleichen. Nun stellt die Rebe innert Stunden Stoffe her, welche die Abwehr der Rebe stärken, z.B. die verstärkte Einlagerung von Silizium in die Epidermis, die stärkere Wachsbildung auf der Blatthaut, die schnelle Bildung von neuen Blättern usw. Aber es ist wohl eine der erstaunlichsten Entdeckungen, dass die resistenten Reben sogar Stoffe herstellen können, welche als Fungizide wirken, beispielsweise Viniferin und Resveratrol. Diese werden im Pflanzensaft überallhin transportiert, und sorgen in den grünen Teilen der Rebe dafür, dass der Pilz abgetötet wird. Begleitend dazu werden auch andere Stoffe gebildet, die gegen den Pilzbefall schützen, nämlich Anthozyane (rote Farbstoffe) und Polyphenole (Gerbstoffe) wie z.B. Quercentin. Durch ihre komplexe Bauweise schützen sie die Pflanze vor dem Eindringen der Pilze oder hemmen deren Wachstum. Wenn also in der Wand einer Pflanzenzelle viele Gerbstoffe und Farbstoffe eingelagert werden, ist sie robuster. Darum sind Trauben nach dem Farbwechsel von Grün zu Rot für die Mehltau-Pilze auch nicht mehr anfällig.

KANN DIE REBE EINEN ANGRIFF VON SCHADPILZEN FESTSTELLEN UND DIE INFORMATION WEITERLEITEN?

Neuerdings konnte dank hochsensibler Messgeräte nachgewiesen werden, dass z.B. das Blatt die Infektion durch Sporen des Falschen Mehltau-Pilzes registriert. Es reagiert sehr rasch auf die Keimung der Pilzspore mit einer Veränderung der elektrophysiologischen Spannung. Diese Spannungsänderung wird weitergeleitet und kann das Abwehrsystem aktivieren. Diese Vorgänge sind begleitet durch Reaktionen von Enzymen in der Pflanze. Offenbar verändert sich dadurch die Wärmeabstrahlung der Pflanze. Seit Kurzem kann man dies mit Wärmebildkameras messen. Zudem sind erste Geräte entwickelt worden, welche die geänderte Enzymaktivität im Pflanzensaft messen können. Bei den resistenten Sorten ist schon länger erforscht, dass sie die Abwehrstoffe im Pflanzensaft, genannt Resveratrol und Viniferin, erst nach einer Infektion herstellen, also enzymatisch auf die Infektion reagieren.

Wie läuft nun diese Informationsübermittlung in der Pflanze ab? Ein Vergleich mit unserem Nervensystem drängt sich auf. Zwischen den beiden Leitgeweben, Xylem für Wasser und Phloem für Pflanzensaft, sind Zellen eingelagert, die wie eine Isolationsschicht wirken. An grünen Pflanzen haben Zellbiologen elektrophysiologische Signale nachweisen können. Durch kleinste Änderungen der elektrischen Spannung werden die Signale entlang der Leitbahnen innerhalb dieser Isolationszellschicht weitergegeben, über zellulöse Plasmamembranen. So kann die Spannung unabhängig und geschützt entlang des Leitgewebes weiter fließen. Dadurch kann die Pflanze Umgebungsänderungen an andere Zellen weiterleiten und darauf reagieren, beispielsweise auf den Angriff durch einen Pilz. Bei der Übertragung der elektrischen Signale spielen mikroskopisch kleine Vesikel in der Plasmamembran, in welchen ein Hormon eingelagert ist, die wichtigste Rolle. Diese Vesikel übernehmen eine ähnliche Funktion wie die Synapsen der Nervenzellen bei uns. Dieses Informationssystem betrifft auch viele andere Stoffwechselvorgänge in der Pflanze. Beispielsweise kann die Pflanze Signale in die Wurzel leiten, wenn sie mineralische Nährstoffe im Blattgewebe benötigt, und umgekehrt, wenn die Wurzel Assimilate vom Blattwerk braucht. Pflanzen können auch Botenstoffe herstellen und damit Informationen weitergeben. Zum Beispiel können befallene Pflanzen mit Duftstoffen ihre Umgebung über den Angriff informieren und warnen. Die benachbarten Pflanzen können dann die Abwehrkräfte bereits aktivieren. Seit Neuestem ist auch bekannt, dass die Pflanze Angriffe von Schaderregern auf ihre oberirdischen Teile an die Bodenlebewesen meldet. Entsprechend spezialisierte Bodenlebewesen werden dazu angeregt, Abwehrstoffe herzustellen, welche von der Pflanzenwurzel aufgenommen werden und dann beispielsweise Blattläuse auf dem Pflanzenspross vergiften können.

ABWEHRSTOFFE DER REBE SIND AUCH GUT FÜR DIE MENSCHEN

Resveratrol, also eines der beiden oben genannten, von der Rebe gebildete Fungizid, wurde in den letzten Jahrzehnten genauer untersucht. Dabei stellte sich heraus, dass es in Wein aus pilzresistenten Rebsorten stärker konzentriert ist als in anfälligen Sorten; dies wiederum insbesondere dann, wenn die Weine aus Regionen mit erhöhtem Mehltaudruck stammen. Interessant zu wissen ist, dass Resveratrol auch für den Menschen von großer Bedeutung ist. Erstens gilt Resveratrol als starkes Antioxidans, welches freie Radikale, die im Körper Schaden anrichten, zu binden vermag. Zweitens wirkt Resveratrol (und auch der schon genannte Gerbstoff Quercentin) der Ablagerung von Schadstoffen in den Blutgefäßen entgegen, indem an der Wand der Blutgefäße eine abweisende Schicht gebildet wird und die Hauptschlagader elastischer macht. Resveratrol vermindert auf diese Weise das Risiko von Herzinfarkt und Hirnschlag und kann den Blutdruck senken, blutverdünnend wirken und die Herztätigkeit verbessern.

Schädliche Radikale lagern sich nicht nur in den Blutbahnen ab, sie sind auch an der Entstehung von defekten Zellen im Gewebe beteiligt. Dieses beginnt zu wuchern und bildet Krebszellen. Resveratrol und Quercentin können defekte Zellen an deren Wucherung hindern, das Wachstum von Krebszellen stoppen und diese absterben lassen.

Resveratrol senkt den Blutzuckerspiegel und schützt die Betazellen der Bauchspeicheldrüse, welche Insulin produzieren. Man geht davon aus, dass Resveratrol die Aufnahme des überschüssigen Zuckers im Blut in den Körper steigert, die Betazellen vor schädigenden Radikalen schützt, die Insulinausschüttung harmonisiert und die Wirkung des Insulins verstärkt, was die Beanspruchung der Betazellen vermindert. Dadurch kann Resveratrol Diabetes vorbeugen oder mildern.

Studien weisen schließlich auch darauf hin, dass Resveratrol die Lebenserwartung erhöht, indem es die Alterung des motorischen Systems und der Knochen vermindert. Es hemmt die Bildung von Leberzirrhose, vermindert die Fetteinlagerung und fördert die Fettverbrennung. Das alles hört sich für uns Bio-PIWI-Winzer sehr gut an, denn PIWI-Wein enthält viel Resveratrol!

ABWEHR BRAUCHT KRAFT

Für die Herstellung der Abwehrstoffe muss die Rebe viel Energie aufwenden. Die wichtigsten Moleküle dabei, Resveratrol, Viniferin und Quercentin, sind große, langkettige, kohlenstoffreiche Moleküle. Ihre Ähnlichkeit zum Traubenzucker lässt die Hypothese zu, dass viel Sonnenenergie vom Blattgrün eingefangen werden muss, um diese Verbindungen herzustellen. Diese Sonnenenergie fehlt dann für das Wachstum und die Herstellung von Zucker für die Trauben. Es ist sogar davon auszugehen, dass an lichtarmen, also bedeckten oder regnerischen Tagen, der Stoffwechsel der Rebe aufgrund des hohen Energiebedarfs nicht auch noch die nötige Kraft hat, die erforderlichen Mengen Resveratrol selber herzustellen. Dazu zwei Beobachtungen: Als es 1999 fast täglich regnete, folgte eine Pilzinfektion der anderen. Sogar die sonst sehr resistente Sorte 'Maréchal Foch' wurde befallen, und zwar so stark, dass ich mich zur Spritzung von Kupfer entschied. Verschiedene negative Vorgänge kamen damals nach meiner Einschätzung zusammen: Wegen Mangel an Sonnenlicht hatte die Rebe zu wenig Energie für die Resveratrolbildung; in der regenreichen Zeit attackierte der Falsche Mehltau die Reben fortlaufend; zudem wuchsen die Reben an den wenigen Sonnentagen jeweils sprunghaft und bildeten dabei wenig Faserstoffe, wodurch das Gewebe der Reben wässerig, stickstoffreich, weich und anfällig wurde, was den weiteren Befall durch den Falschen Mehltau zusätzlich erleichterte. So erwischte uns der Falsche Mehltau bei 'Maréchal Foch' nicht nur an den Blättern, sondern auch auf den empfindlichen jungen Beeren in ihrem zartesten Stadium. Das war ein gefundenes Fressen für den virulenten Pilz! Da wir die Resistenz von 'Maréchal Foch' gegen den Pilz unter den gegebenen, regnerischen und trüben Umständen überschätzt hatten, konnte nur die zusätzliche, blitzartig anberaumte Kupferspritzung die restlichen Beeren retten: 200 g Reinkupfer/ha als feine Kupferschicht auf dem Pflanzengrün unterbrach für einige Tage die Infektionen. In dieser »Verschnaufpause« konnte die Rebe ihre eigenen Abwehrkräfte wieder auf das benötigte hohe Niveau bringen. Versuche haben gezeigt, dass die Rebe etwa vier Tage braucht, bis im Pflanzensaft genügend Resveratrol und Viniferin gebildet ist, damit sich die Rebe wieder selber gegen den Falschen Mehltau-Pilz zu verteidigen vermag.

GLEICHGEWICHT ZWISCHEN SCHADERREGER UND ABWEHRKRAFT IN DER NATUR

Die Natur gestaltet Resistenzmechanismen normalerweise so aus, dass weder Schaderreger noch Wirt übermäßige Populationen aufbauen können. Dies führt dazu, dass einzelne Arten nicht überhandnehmen können, sondern von Konkurrenten oder Schädlingen in Schach gehalten werden. Es kann daher nicht erstaunen, dass auch resistente Reben nicht ganz befallsfrei sind. Der kultivierende Mensch schaffte dann mit den Rebbergen wesentlich einseitigere Agroökosysteme, in der diese natürlichen Mechanismen nicht mehr funktionieren. Das ist der Grund, weshalb er immer lenkend mittels Bewirtschaftung auf den Rebberg einwirken muss. In diesem Zusammenhang hat er auch damit begonnen, die ursprünglich wilden Reben zu formen und zu züchten. Lernen Sie im Folgenden also die Entstehung der heutigen Reben und Rebsorten kennen.

KULTURENTSTEHUNG

Die ursprünglichen Formen der Wildreben haben nur kleine Beeren auf lockeren Trauben. Während die Urvölker Amerikas diese einfach sammelten und getrocknet als Nahrung im Winter nutzten, kam es im Zweistromland von Euphrat und Tigris vermutlich bereits ca. 7000 bis 5000 vor Christus zu natürlichen und vielleicht gezielten Kreuzungen verschiedener Wildrebenarten. Aus diesen entwickelten sich in der Folge die zahlreichen europäischen Rebsorten, die wir heute kennen. Dabei entstand aus den ursprünglich eingeschlechtlichen Blüten (männliche und weibliche Blüten auf verschiedenen Rebstöcken) die heutige Form der zweigeschlechtlichen Blüte auf einem Rebstock. Das bedeutet, dass im Rebberg die heutigen kultivierten Reben alle Trauben tragen und nicht, wie bei den Wildformen, nur die weiblichen Pflanzen. Der kulturbeflissene Mensch hat diesen für ihn vorteilhaften Prozess natürlich nicht einfach hingenommen, sondern in vielen Jahrtausenden seit den ersten Kreuzungen selber aktiv weiter selektiert und gezüchtet. Schon im alten Ägypten entstanden Rebsorten mit großen Beeren auf großen Trauben; und mit den Griechen und Römern verbreitete sich der Weinbau schließlich über Europa aus.

KREUZUNGEN ZWISCHEN REBARTEN SCHON IN AMERIKA VOR 1800

Natürlich nahmen die Europäer ihre liebgewonnenen Reben auch mit, als sie in den vergangenen Jahrhunderten zu Hunderttausenden nach Amerika emigrierten. Schon ab 1750 wurden dort erste Kreuzungen von Europäer-Sorten mit den einheimischen, amerikanischen Wildreben gemacht. Die Nachkommen dieser Kreuzung erwiesen sich als fruchtbar, also als überlebensfähig. Zudem zeigte sich, dass die Sorten die Resistenz gegen den Mehltau-Pilz behielten, die die amerikanischen Wildreben natürlicherweise besitzen. Es erstaunt daher nicht, dass amerikanische Winzer schnell mit den gekreuzten Sorten zu experimentieren begannen. Erste Züchter etablierten beispielsweise eine heute noch bekannte Sorte mit dem Namen 'Jacquez'.

Mit dem Warentransport und Personenverkehr erreichten Rebenwildlinge, Stecklinge und Sämlinge aus solchen Kreuzungen schließlich auch wieder Europa. Aus Neugier wurde dann auch auf dieser Seite des Atlantiks weitergezüchtet. Die dabei entstandenen Kreuzungen werden heute häufig als 'Americano'-Hybriden spezifiziert; ihr Ursprung ist im Namen also noch enthalten. Da die Geschichte dieser Kreuzungen aber über die vergangenen Jahrzehnte und Jahrhunderte lang und verworren ist, ist heute nicht mehr klar, welche Rebsorten man mit guten Grund als Americano-Sorten bezeichnen kann. Sicher ist jedoch die Bezeichnung 'Americano' für viele »PIWI« Sorten ganz eindeutig falsch, da nicht nur amerikanische Wildreben, sondern auch asiatische und andere Wildformen in ihren Stammbäumen zu finden sind.

EINSCHLEPPUNG DER SCHADERREGER VON AMERIKA NACH EUROPA FÖRDERTE RESISTENZZUCHT

1838 gelang es dem Segeldampfer Sirius erstmals, den Atlantik in nur 18 Tagen zu überqueren. Damit war die Reisezeit zwischen Europa und Amerika so kurz geworden, dass auch Schaderreger auf den mitgebrachten Reben die Reise überleben konnten. 1845 erreichte auf diese Weise der Echte Mehltau-Pilz England, 1868 wurde die zerstörerische Reblaus eingeschleppt und 1878 der aggressive Falsche Mehltau-Pilz, welcher eine verheerende Epidemie in Europa auslöste. Aus diesem Grund stießen die resistenten Neulinge aus Amerika in Europa auf großes Interesse. Viele Züchter erzeugten neue Sorten, welche sogar große Verbreitung fanden. Um 1900 hatten sich um die 20 Züchter mit über 1000 Sorten einen

Namen gemacht. Manche reisten in den französischen Weinbaugebieten herum und stellten an hervorragend besuchten Versammlungen ihre Sorten vor. Aus dieser Zeit stammen bekannte französische Züchtungen wie 'Oberlin Noir' (um 1850), die Schwestern 'Léon Millot' (1911) und 'Maréchal Foch' (1911), 'Seyval Blanc' (1919) oder die Schweizer Sorte 'Muscat Bleu' (1930). Im Verlaufe des 20. Jahrhunderts gerieten sie dann aber in Vergessenheit, bis der Sortenspezialist Pierre Basler diese ab 1980 wiederentdeckte und neu im Sortengarten der Forschungsanstalt Agroscope in Wädenswil anbaute. Doch erst heute sind weltweit ganz viele Rebzüchter stark auf PIWI umgeschwenkt und jährlich werden nun einige neue pilzresistente Traubensorten auf den Markt gebracht.

RESISTENZ UND TRAUBENQUALITÄT

Mit der Kreuzung der Wildarten mit den Europäer-Sorten versuchen die Züchter die »wilde Resistenz« mit der »edlen Traube« zu kombinieren. Dies erfolgt meist in mehreren, manchmal sogar in sehr vielen Kreuzungsschritten. Dabei gilt als Faustregel: Je mehr europäische Traubeneigenschaften man will, umso mehr Kreuzungsschritte werden mit diesen Sorten gemacht; je höher hingegen die Resistenz sein soll, desto häufiger werden Wildreben-Gene eingekreuzt. Die Stammbäume der verschiedenen pilzresistenten Sorten sind infolgedessen sehr unterschiedlich. Bei 'Maréchal Foch' und 'Léon Millot' sind sie sehr einfach, nämlich nur 4 Generationen lang: 1882 hatten französische Züchter die beiden amerikanischen Wildarten Vitis riparia und Vitis rupestris gekreuzt. Deren Nachkommen gaben sie einfach Zuchtnummern. Parallel dazu züchtete der Rebenzüchter Kuhlmann in seinem Institut in Colmar durch Kreuzung der zwei bekannten Europäer-Sorten 'Frühburgunder' und 'Riesling' eine neue Europäer-Sorte, die er 'Goldriesling' taufte. Seinen 'Goldriesling' kreuzte er anschließend mit einer der obgenannten Zuchtnummern aus Vitis riparia und Vitis rupestris, deren Nachkommen nannte er 'Léon Millot', 'Maréchal Foch', 'Maréchal Joffre' und 'Lucie Kuhlmann'. Sie sind alle bis heute erhalten geblieben. Man sieht aus diesem Stammbaum, dass der eine Elter noch aus der amerikanischen Wildrebe stammt, der andere hingegen europäische Gene hat. In der Züchtung spricht man auch in diesem Zusammenhang vom »Blutanteil«; das Verhältnis ist hier also 50 % amerikanische Wildrebe zu 50 % Europäische Rebsorten. Der Anteil Wildrebengenetik ist bei den genannten Sorten sehr hoch und erklärt aus meiner Sicht, warum diese auch heute noch nach 100 Jahren eine sehr hohe Abwehrkraft gegen die beiden Mehltau-Pilze aufrecht-

erhalten haben. Den hohen Anteil Wildreben-Gene sieht man 'Léon Millot' und 'Maréchal Foch' auch an: Die Reben wachsen noch sehr lianenartig und haben kleine Trauben mit kleinen Beeren. Viele meiner Berufskollegen sehen diese Eigenschaften von 'Léon Millot' und 'Maréchal Foch' als großen Nachteil und als einen Grund, diese nicht anzubauen. Wir pflanzen sie gerne in schwierig befahrbare Reblagen.

Größere Trauben mit mehr europäischer Aromatik waren deshalb schon früh das erklärte Ziel von Züchtern; insbesondere jene aus dem französischen Seyve-Villard. Ein Durchbruch gelang ihnen in dieser Hinsicht mit der weißen Sorte 'Seyval Blanc' 1919. Sie ist bei mir ebenfalls im Anbau und zeichnet sich auch nach nun etwa hundert Jahren seit ihrer Geburt durch sehr gute Abwehreigenschaften aus; ihr Wein erinnert an die bekannte europäische Sorte 'Chasselas'. Der Stammbaum von 'Seyval Blanc' ist erwartungsgemäß länger und komplizierter als jener von 'Léon Millot' und 'Maréchal Foch'. Mehrere Kreuzungsgenerationen zwischen verschiedenen europäischen Linien, zwischen Wildrebenlinien und auch untereinander sind durchgeführt worden, bis der Sämling entstand, der den Züchtern gefiel. 'Seyval Blanc' oder Vorfahren von ihr findet man auch immer wieder in Stammbäumen von resistenten Sorten, die erst in jüngerer Zeit gezüchtet worden sind, beispielsweise bei den PIWI-Sorten 'Merzling' und 'Souvignier Gris', welche vom Weinbauinstitut Freiburg im Breisgau gezüchtet worden sind.

Noch heute sind die Züchter stets auf der Suche nach Linien mit weiteren Resistenzeigenschaften. Ein wichtiges Beispiel dazu: In der damaligen Tschechoslowakei kreuzte der Züchter Vilem Kraus 1964 die Europäer-Sorte 'Muscat Ottonel' mit einer aus der asiatischen Wildrebe *Vitis amurensis* entstandenen Rebsorte namens 'Zarya Severa'. Nachkommen davon, beispielsweise einer mit der Zuchtnummer Gm6493, kamen dann zum Züchter Helmut Becker, der am Weinbauinstitut Freiburg im Breisgau tätig war. Norbert Becker erkannte den hohen Zuchtwert von Gm6493 und kreuzte ihn mit der institutseigenen PIWI-Sorte 'Merzling', woraus die neue Sorte 'Solaris' entstand. Interessant daran ist, dass dank der Gene von 'Zarya Severa' neue Abwehreigenschaften eingekreuzt werden konnten. 'Solaris' hat beispielsweise eine starke Behaarung der Blätter und bildet Kallose, was es den Mehltausporen erschwert, den Eingang der Spaltöffnungen zu finden. Auch ihre Fähigkeit, viel Resveratrol zu bilden, hat sie von 'Zarya Severa' geerbt.

HANDWERK DER KREUZUNG

Die Rebblüte bestäubt sich selbst. Dieser Vorgang muss beim Züchten verhindert werden, damit mit fremdem Blütenstaub befruchtet werden kann. Bevor die Blüten reif sind, entfernt man dazu mit der Pinzette die Käppchen und die darunterliegenden Staubbeutel. Diese sogenannte Kastration muss bei jedem einzelnen Blütchen des ganzen Gescheins vorgenommen werden. Das kann an die zwei Stunden dauern. Damit nicht durch Wind oder Insekten anderer Blütenstaub auf die Blüten gelangt, wird das Geschein mit einem Papiersäcklein geschützt. Die weiblichen Blütenteile reifen nach der Kastration nach. Nach etwa zwei Tagen scheidet die Narbe ein Sekret aus, die Eizelle unter der Narbe ist nun reif genug und bereit für die Bestäubung. Nun wird das Säcklein geöffnet und mit einem Pinselchen werden Pollenkörner, also Blütenstaub der Vatersorte, auf die Narben der Muttersorte gebracht. Aus dem Pollenkorn wächst nun ein Keimschlauch zur Eizelle hinunter, wodurch diese befruchtet wird. Dies ist der eigentliche Akt der Kreuzung. Durch diese Befruchtung werden die Erbeigenschaften ganz neu kombiniert.
Im Säcklein geschützt, entwickeln sich die Beeren und werden im Herbst sorgfältig geerntet. Aus deren Samen werden im folgenden Frühling Sämlinge angezogen. Jedes dieser Reblein hat andere Eigenschaften, auch wenn sie die Nachkommen der gleichen Eltern sind. Diese werden ganz jung auf die erste, harte Probe gestellt: Sie werden mit Pilzsporen des Falschen und Echten Mehltau-Pilzes absichtlich infiziert. So prüfen die Züchter ihre Resistenz. Befallene Reblein werden weggeworfen. Es ist ein harter Moment für das Züchterherz, sozusagen in ihren eigenen Zuchtlinien diejenigen einfach wegzuwerfen, die den hohen Anforderungen nicht genügen.

SÄMLINGSFELD, SELEKTION, ZUCHTLINIEN UND VERMEHRUNG

Die ausreichend resistenten Pflänzlein werden im Herbst ausgewählt und im folgenden Frühling als Zuchtfamilien aus der gleichen Kreuzung zusammen gepflanzt, doch jedem Pflänzlein wird eine eigene Nummer gegeben. Nochmals werden sie Infektionen der Mehltau-Pilze ausgesetzt. Im Herbst werden nur die besten ausgelesen. Von anfangs Zehntausenden von Sämlingen bleiben dann nur noch wenige übrig. Diese einjährigen Pflänzlein haben noch nicht geblüht und tragen noch keine Trauben. Sie werden nochmals zurückgeschnitten und bilden frühestens im zweiten Jahr Gescheine. Sobald erste Trauben wachsen, kann auch erstmals Wein produziert werden. Natürlich entstehen dabei nur sehr geringe Mengen; ein oder zwei Liter vielleicht. Diese Mikrovinifikation ist aber hilfreich, weil so ein erster Eindruck von deren Aromatik gewonnen werden kann.

Eine Rebzeile mit etwa 20 Stöcken einer Neuzüchtung dient dann der Sortenprüfung. Gleichzeitig wird auch Schnittholz aus den Zuchtlinien auf verschiedenen Unterlagen gepfropft. Weil nicht jede Neuzüchtung jede Unterlage gleich gut verträgt, müssen hier verschiedene Varianten getestet werden. Vielversprechende Zuchtlinien werden anschließend an anderen Standorten und unter anderen Wetterbedingungen angebaut. Damit werden Daten aus verschiedenen Gebieten gesammelt. Gefällt eine Neuzüchtung den Winzern und wird diese nachgefragt, erfolgt die große Vermehrung.

LANGER WEG ZUM ZUCHTZIEL AM BEISPIEL VON SILVIA UND VALENTIN BLATTNER UND VERMEHRER PHILIPPE BORIOLI

Silvia und Valentin Blattner begannen Ende der Siebziger Jahre resistente Rebsorten zu züchten. Zu diesem Zweck hatten sie weltweit bestehende Zuchtlinien und Sorten studiert und gezielt für ihre ersten Kreuzungen ausgelesen. Durch ihre Arbeit entstanden in der Folge jedes Jahr neue Zuchtlinien, die sie nach den Sämlingsfeldern benannten. Sie notierten sich deren Eigenschaften und verwendeten die besten für weitere Kreuzungen. Auf diese Weise schufen sie einen großer Datensatz, viel Erfahrung und gut geschulte Züchteraugen. Sehr früh haben sie auch die Analyse der Säuren im Traubenmost als Selektionskriterium beigezogen. Ihr Zuchtziel tönt eigentlich sehr pragmatisch. »Schön senkrecht, zügig wachsende Reben mit hohen und auf vielen Genen lokalisierte Resistenzen gegen die einschlägigen Pilzkrankheiten und die Reblaus. Mittelgroße, lockere Trauben, einfach zu kelternder Traubenmost mit tiefem pH-Wert und harmonischem Säureverhältnis. Fruchtiger und aromatischer, extraktstoffreicher Wein, mit abgerundeten Gerbstoffen und schönem Duft.« Ist das nicht äußerst anspruchsvoll, wenn eine Neuzüchtung dies alles erfüllen soll?

Blattners züchten auch im Auftrag von großen Weingütern in Spanien und in Thailand. Diese tropische Destination ermöglicht, nach der Ernte der Sämlinge im Herbst hier in Europa, diese sofort in Thailand wieder auszusäen und spart viel Zeit. Die Neuzüchtungen werden dann von Philippe Borioli in Bevaix in seiner Rebschule vermehrt, zurzeit sind es pro Jahr etwa 200 000 Jungpflanzen von pilzwiderstandsfähigen Neuzüchtungen und schon etablierten PIWI-Sorten. Diese Menge zeigt, dass für all die erwähnten Arbeiten und Abläufe viel Zeit und Fläche beansprucht wird. Noch immer rechnet man von der ersten Kreuzung bis zur Etablierung am Markt etwa 15 Jahre für eine Sorte. Deshalb ist es üblich, dass die Züchtung an staatlichen Forschungsstellen stattfindet. Die Familien Blattner und Borioli in der Schweiz sind da eine außerordentliche Ausnahme, indem sie das alles auf eigenes privates Risiko wagen. Persönlich beurteile ich ihre Sorte 'Cabernet Jura' als echten Erfolg. Sie kommt ihrem oben beschriebenen Zuchtziel sehr nahe, auch wenn ich in meinem Rebberg den Kompromiss eingehen muss, dass wir sie etwa dreimal pro Jahr gegen die beiden Mehltau-Pilze schützen müssen.

WIRD DER ZUCHTFORTSCHRITT MIT NEUEN METHODEN BESSER?

Wie wir weiter oben in diesem Kapitel gesehen haben, ist Resveratrol einer der Stoffe, der bei der Pilzresistenz von besonders großer Bedeutung ist. Es erstaunt daher nicht, dass die Resveratrol-Werte schon in den jungen Sämlingspflänzchen gemessen werden. Sind sie zu niedrig, werden die Pflänzchen aussortiert. Auf diese Weise gelingt es, den Zuchtvorgang zu beschleunigen und eine hohe Pilzresistenz zu generieren. Allerdings werden durch die beschriebene Vorgehensweise auch Sämlinge weggeworfen, welche vielleicht andere, sehr erwünschte Resistenzeigenschaften besitzen. Dazu ein Beispiel: Die Sorte 'Solaris' kann schnell viel Resveratrol herstellen und Kallose bilden. Merkwürdigerweise wird sie in meinem Rebberg Ende August jedoch trotzdem von Falschem Mehltau-Pilz befallen, vielleicht, weil die ganz jungen Blätter zu dünne Zellwände haben. Umgekehrt bildet 'Léon Millot' weniger schnell Resveratrol, also muss man um die Blütezeit die Witterung sehr aufmerksam beobachten und eine Spritzung einplanen. Auf dem Laub bleibt sie im Normalfall bei uns bis in den Spätherbst sehr gesund, vermutlich, weil die Haut ihrer Blätter sehr dick ist. Der Resveratrol-Wert, so wichtig er auch ist, kann daher nicht das einzige Kriterium bei der Züchtung von pilzresistenten Sorten sein.

Aktuell verfügen wir noch über keine vollständige Genkarte der Rebe, doch sind schon einige Gene bekannt und analysiert, die für die Resistenzeigenschaften verantwortlich sind. Auch dieses Wissen wird bei der Züchtung eingesetzt: Mittels sogenannter Marker kann in einer Neuzüchtung geprüft werden, ob die erwünschten Gene vorhanden sind oder nicht. Experten wie Valentin Blattner mahnen aber zur Vorsicht: »Ist das gewünschte Gen vorhanden, heißt es noch nicht, dass es auch aktiv wird. Die Pflanze funktioniert komplexer. Um dies zu verstehen, brauchen wir auch Informationen über ihren Stoffwechsel, über Eiweiße, Hormone und die Gene, welche neben den Resistenzgenen liegen.« Zudem macht Valentin Blattner auf ein weiteres, eher langfristiges Risiko aufmerksam: »Weil die Züchter nur von einem kleineren Teil der Zuchtlinien oder Sorten die Resistenzgene analysieren, und vor allem von den eigenen Zuchtlinien, wird dann meist nur mit diesen Linien weitergekreuzt. Dadurch verengen sich die Erbeigenschaften und es sind nur noch die Resistenzen von wenigen Genen in den Nachkommen vorhanden. Die Gefahr ist groß, dass der Pilz nach einigen Jahren diesen Mechanismus durchbricht und sich frei vermehren kann, weil ihm keine anderen Abwehrkräfte mehr im Weg stehen«. Valentin Blattner illustriert die Problematik mit einem Fall, bei dem nach acht Jahren die Abwehreigenschaft eines einzigen eingekreuzten Gens durchbrochen worden war.

Dieses ist dann für die Züchtung nicht mehr nutzbar und wirft die Züchter um viele Jahre zurück, weil viele Zuchtlinien wertlos werden. Daher kommt Valentin Blattner zum Schluss: »Man muss immer zugleich viele verschiedenen Barrieren einbauen, damit der Pilz nicht nach der ersten Anpassung an ein Resistenzgen der Pflanze freie Fahrt hat, sondern dass er von einer anderen Barriere gestoppt wird«. Aus diesem Grund stützt er sich nebst der Nutzung der Genanalytik weiterhin auf die Beobachtung im Feld oder unter dem Mikroskop und macht immer wieder Rückkreuzungen in ursprünglichere Zuchtlinien. Zudem sammelt er in verschiedenen Rebbergen die Pilzsporen und lässt untersuchen, welche einzelnen Pflanzenresistenzen diese bereits durchbrochen haben.

RESISTENT, ROBUST, TOLERANT ODER DOCH MAL SPRITZEN?

Was passiert, wenn der Infektionsdruck beim Pilz auch bei breit abgestützter Resistenz fast übermächtig wird? In diesem Fall lebt die Pflanze in einem Milieu, in dem sie fast stündlich von Pilzsporen angegriffen wird. Dessen Population wird übermächtig groß, bis schließlich die Abwehrmechanismen der Pflanzen nicht mehr ausreichend sind. Dann können empfindliche Stellen, z.B. ganz junge Zellen, befallen werden. Außerdem entstehen dauernd neue genetische Varianten des Pilzes in sehr großer Zahl bei dieser Massenvermehrung. Es klingt paradox, aber ausgerechnet Valentin Blattner, der bei seinen Züchtungen konsequent auf hohe Pilzresistenz achtet, empfiehlt deshalb vor und nach der Blüte jeweils Kupfer und Schwefel als Mischung zu spritzen gegen die beiden Mehltau-Pilze: »Dadurch reduziert man insbesondere bei schwierigem Wetter die riesige Population der Schadpilze, vermindert also auch das Risiko, dass sie sich dank ihrer übermächtigen Population in einem Evolutionsprozess an die Abwehrkraft der Rebe anpassen können.« Außerdem erkennen wir einmal mehr, wie komplex die Natur ist: Es gibt Reblagen mit resistenten Sorten, die viele Jahre nicht gespritzt wurden, aber in denen nun vermehrt andere Pilzkrankheiten auftreten, wie beispielsweise die Schwarzfleckenkrankheit Phomopsis viticola. Sie kann mit der Spritzung von Schwefel in Schach gehalten werden und ist darum bei regelmäßig gespritzten Europäer-Sorten gar nicht richtig beachtet worden.

8 BIOLOGISCHE REGULIERUNG VON SCHADERREGERN

Im Frühling spüren neben den Gräsern, Kräutern und Kleepflanzen auch viele Tiere und kleine Lebewesen die aufkommende Wärme. Auf den Borkenstreifen, in den Ritzen des mehrjährigen Rebstockholzes, haben sich Insekten und Milben eingenistet. Die wichtigsten für uns Winzer sind die Raubmilben und wir freuen uns sehr über ihre Anwesenheit. Bei warmen Sonnenstunden verlassen sie schon im Februar ihre Verstecke und beginnen mit der Nahrungs- und Partnersuche. Partner finden sie genügend, doch die Nahrung ist so früh noch knapp. Deshalb hilft ihnen der schlaue Bauer, welcher sich vom Biologen das notwendige Wissen beschafft hat.

VON NÜTZLICHEN UND SCHÄDLICHEN MILBEN: RAUBMILBE GEGEN KRÄUSELMILBE, GEMEINE SPINNMILBE UND ROTE SPINNE

Die nützliche Raubmilbe braucht energiereiche Nahrung, um für den Frühling und die Paarung sowie die energieaufwendige Vermehrung bereit zu sein. Zum Glück beginnt in der Pflanzenwelt zu dieser Zeit ebenfalls die Hochzeitssaison. Die Natur hat ihre Gesetzmäßigkeiten aufeinander abgestimmt. Der Haselstrauch, ein Frühblüher, stäubt mit seinen Millionen Pollen die ganze Umgebung ein, wenn sich seine Blüten für die Bestäubung öffnen. Dieser Pollen, der männliche Blütenstaub, ist ein Hochenergieprodukt. Er muss es sein, weil er in kurzer Zeit viel leisten muss. Erreicht er nämlich die weibliche Narbe, keimt er und legt als Keimschlauch einen langen Weg durchs weibliche Gewebe zurück bis zur Eizelle, um sie zu befruchten. Die Natur sorgt für Sicherheit durch das Prinzip des Überflusses: Millionen von Pollenkörnern werden ausgesendet, damit wenigstens einige Tausend ihr Ziel erreichen.

Und die anderen, verfehlen diese ihr Ziel? Nicht ganz! Sie bleiben an den Oberflächen vieler Pflanzen kleben und dienen dort als energiereiche Nahrung für Insekten oder Pilze. Unsere Raubmilben profitieren ebenfalls vom Blütenstaub des Haselstrauches, der auf den knorrigen Rebstöcken in großer Menge hängen bleibt. Der Haselstrauch ist somit ein wertvoller Helfer bei der Raubmilbenzucht im Rebberg. Der schlaue Winzer pflanzt daher am Süd- und Westende seiner Rebzeilen ab und zu einen Haselstrauch, damit der Wind die Raubmilbennahrung in den Rebberg auf die Weinstöcke trägt.

Anders als die nützlichen Raubmilden erwachen die schädlichen Milben (Kräuselmilbe, Gemeine Spinnmilbe und Rote Spinne), welche ebenfalls gut geschützt in den unzugänglichen Ritzen des Rebstockes überwintern, erst im April, wenn die Rebe kräftig austreibt und sie ihre Nahrung wittern. Sie stürzen sich sofort auf die zarten Blätter und Schößlein der Rebe und saugen mit ihrem Saugstachel den zuckerreichen Pflanzensaft aus deren Leitbahnen. Die jungen Schößlein wehren sich mit dem Einkrümmen und Verdicken der Haut und versuchen anschließend auf die andere Seite zu wachsen. Sie wollen dem Stich des Widersachers entkommen. Doch auch die Milbe merkt, dass auf der anderen Seite des Schößleins nun mehr Zuckersaft fließt, wechselt also die Seite und saugt dort von Neuem im noch jungen und zarten Gewebe. Als Folge davon kräuseln sich die Blätter noch mehr ein und die Rebzweige beginnen wieder auf die andere Seite zu wachsen. Durch dieses Hin und Her wachsen die von Schadmilben befallenen Triebe kümmerlich im Zickzack. Im Extremfall kann eine befallene Rebe gar nicht mehr richtig wachsen oder aber mit ihren kleinen Blättern und gestauchten Kurztrieben keine Trauben bilden.

RAUBMILBEN ALS JÄGER ANSIEDELN, BLÜTENSTAUB ALS KRAFTNAHRUNG ANBIETEN

Da ist es ein Glück, wenn zum Zeitpunkt des Erwachens der Schadmilben schon viele der nützlichen Raubmilben aktiv sind. Im vielfältigen Rebberg ernähren sie sich von Haselblütenstaub, aber auch vom Pollenstaub der früh blühenden Kräuter, z.B. von Löwenzahn, und den ersten Gräsern, z.B. dem Gewöhnlichen Rispengras. Sobald sie aber die Schadmilben entdecken, nutzen sie auch diese als Nahrungsquelle. Was aber tut der Winzer, wenn sein Rebberg nicht ausreichend mit Raubmilben besiedelt ist? Wieder nutzt er sein ökologisches Wissen und holt sie aus anderen Rebparzellen. Man verwendet dazu die kleinen, überzähligen Blättlein und Schößlein, die man im Mai beim Erlesen wegnimmt. Statt sie auf den Boden fallen zu lassen, werden sie eingesammelt und gleichentags in die Empfängerrebstöcke gebracht, die schon Milbenbefall zeigen. Besonders bei Neupflanzungen haben wir diese Taktik bereits mehrfach mit Erfolg praktiziert.

Damit die Raubmilben im Rebberg überleben, muss der Biowinzer weitsichtig handeln. Die kleinen Helfer im Rebberg brauchen über längere Zeit genügend Blütenstaub. Darum müssen möglichst viele verschiedene Pflanzen im Rebberg wachsen, die sich beim Blühen kontinuierlich ablösen. Das muss man für das Mähen, Mulchen oder Walzen der Begrünung einplanen. Eine hierfür geeignete Methode

ist der sogenannte alternierende Schnitt der Fahrgassen. Dabei wird jede zweite Fahrgasse früh, also schon vor dem Blühen der Gräser und Kräuter, geschnitten. Die danebenliegenden zweiten Fahrgassen werden absichtlich noch fünf oder sechs Wochen stehen gelassen. Dort gibt es nun Blütenstaub und Unterschlupf für alle möglichen Kleinlebewesen. Wenn dann auch diese Fahrgassen geschnitten oder gewalzt werden, ist in den erstgemähten Fahrgassen die Begrünung wieder so gut nachgewachsen, dass sie Unterschlupf bietet und dort wieder blühende Gräser und Kräuter zur Verfügung stehen. So zieht sich diese »wechselnde« Unterwuchsbewirtschaftung durchs Jahr.

Im Bioweinbau sind Herbizide nicht zulässig. Deshalb bleibt auch der Streifen unter der Rebzeile begrünt. Zwar mäht man diesen mit einem speziellen Unterstockgerät, aber rund um die Stöcke bleiben immer noch grüne Büschel stehen. Es handelt sich dabei also nicht um eine durch Nachlässigkeit entstandene Unordnung; vielmehr dienen diese Büschel den ganzen Sommer lang als willkommene Überlebensinseln für die nützlichen Kleinlebewesen!

In steilen Rebbergen ist es gefährlich, mit den Maschinen den Unterwuchs zu schneiden. Darum beweiden wir sie mit Zwergschafen. Zum Schutz der Nützlinge beweiden wir diese Rebberge erst, wenn das Gras hochgewachsen ist, und danach frühestens alle sechs Wochen und dann nur wenige Tage pro Parzelle. So fressen die Schafe nicht alles sauber ab, es bleiben Büschel von verblühenden und dürren Altgrashorsten stehen. Auch das sind Nahrungsquellen und Überlebensorte für die Kleinlebewesen.

HERBSTMULCHEN GEGEN DIE GRAUFÄULE UND DIE KIRSCHESSIGFLIEGE

Keine Regel ohne Ausnahme: Im Herbst gibt das Gras viel Bodenfeuchte an die Trauben ab und wegen der mächtigen Laubwand kann der Wind nur noch ungenügend unter den Stöcken durch den Rebberg ziehen. Das kann in unserer Region verhängnisvoll für die Trauben sein, denn feuchte Trauben werden gerne vom Graufäulepilz (*Botrytis cinerea*) befallen und müssen weggeworfen werden. Also muss jetzt der Unterwuchs im ganzen Rebberg abgeschnitten werden. Zum Glück haben sich zu diesem Zeitpunkt schon viele der nützlichen Kleinlebewesen auf den Winter eingestellt, sind also nicht mehr sehr aktiv und befinden sich bereits in ihren Winterquartieren. Man geht davon aus, dass sie vom Herbstmulchen nicht mehr betroffen sind.

Auch die eingeschleppte Kirschessigfliege (*Drosophila suzukii*) lebt im Herbst im taufeuchten, hohen Unterwuchs. Von hier fliegt sie zu den Trauben und legt ihre Eier in die Traubenbeeren. Ihre Larven zerstören in der Folge die Beeren, wobei Essig entsteht. Hat die Kirschessigfliege einen Rebberg befallen, so ist dessen Ernte schnell verloren. Genau das haben wir 2014 erlebt: Als wir an einem Samstag mit der Lese von 'Léon Millot' begonnen hatten und am Abend damit noch nicht fertig waren, entschieden wir, die restlichen Trauben am folgenden Montag zu lesen. Als wir dies dann taten, hatte der von der Kirschessigfliege angerichtete Schaden schon verheerende Dimensionen angenommen: In stundenlanger Feinarbeit mussten wir viele tausend befallene Beeren aus der Ernte aussortieren. Die Vermehrungsrate dieser »Suzukii« – so nennen wir die Fliege mittlerweile – ist gewaltig: Ein Weibchen kann in etwa 20 Tagen rund 400 Eier legen. Diese sind oft schon nach einer Woche erwachsen, legen also ihrerseits bereits schon Eier, wenn deren Mutter sich auch noch immer eifrig weiter vermehrt.

Was kann man gegen die Kirschessigfliege tun? Es wird empfohlen, die Fahrgassen gegen Ende August gründlich zu mähen: Die Kirschessigfliege liebt Tau und Unterwuchs; durch das Mähen entzieht man ihr das bevorzugte, feuchte Habitat. Unterdessen hat man ein ganz feines Kalkpulver gefunden, Kaolin genannt, welches man auf die Trauben spritzen kann. Die raue Oberfläche und die weiße Farbe scheint die Weibchen zu irritieren und soll die Eiablage zumindest viele Tage verzögern. Somit hätten wir etwas mehr Spielraum, damit wir die Begrünung nicht so radikal zurückschneiden müssen. Die intensive Forschung hat auch einheimische Nützlinge entdeckt, welche offenbar in dieser kurzen Zeit bereits auf diese eingeschleppte Kirschessigfliege als neue Nahrungsquelle umgestellt haben. Die Frage ist nur, ob diese Nützlinge im Rebberg überleben können, wenn der Unterwuchs kahlgeschoren ist. 2019 haben wir dies ausprobiert mit zwei benachbarten Parzellen der Sorte 'Cabernet Jura'. Die eine wurde sauber abgeweidet, in der anderen stand der Unterwuchs kniehoch bei der Traubenlese. Erstaunlicherweise haben wir in beiden Parzellen keinen Befall festgestellt. Sehr spannend war aber folgende Beobachtung: die angrenzende Parzelle des Nachbarn mit 'Blauburgunder', mit Herbizidstreifen unter den Stöcken und kurzgeschorenem englischen Rasen in den Reihen, hatte deutlichen Befall. Seine Reben waren sehr sauber ausgelaubt, unsere gar nicht. Wir werden wohl das Leben dieses Schaderregers und seines Umfeldes noch weitere Jahre nachdenklich beobachten müssen.

WIE DER WINZER DIE MÄNNCHEN DES TRAUBENWICKLERS AN DER NASE HERUMFÜHRT

Die Puppen der beiden Arten des Traubenwicklers, der Einbindige (*Eupoecilia ambiguella*) und der Bekreuzte (*Lobesia botrana*), überwintern in Rissen der Borke auf den Weinstöcken. Im April/Mai schlüpfen die ersten Falter. Sie paaren sich sofort, und kurz danach beginnen die Weibchen ihre Eier in die Gescheine der Reben zu legen. Daraus schlüpft die erste Raupengeneration. Weil das im Juni, also in der Zeit der Heuernte, stattfindet, nennt man diese Generation auch den »Heuwurm«. Diese fressen nur wenig an den Gescheinen der Reben und verursachen normalerweise noch keine großen Schäden. Die später folgende zweite Generation kann jedoch größere Traubenpartien leerfressen oder Beeren anfressen, wodurch Fäulnisnester entstehen, die vom Graufäulepilz befallen werden. Die Traube riecht in der Folge bald nach Essig, weshalb wir Winzer diese zweite Generation des Traubenwicklers »Sauerwurm« nennen.

Ich erinnere mich noch gut an das Totenkopfsymbol auf den Packungen der sehr giftigen Insektizide, welche in meiner Jugend gegen den Traubenwickler verwendet wurden. Wurde es ausgebracht, eliminierte es logischerweise auch alle anderen Tierchen im Rebberg, inklusive der nutzbringenden Raubmilben. Wie wir schon gelernt haben, sind diese jedoch Nützlinge gegen Spinnmilben. Was geschah also in der Folge? Ein paar wenige Spinnmilben überlebten, entwickelten sich ohne Nahrungskonkurrenz sehr rasch, verursachten an den Reben schwere Saugschäden und zwangen den Winzer, alsbald nochmals zum starken Gift zu greifen. Ein Teufelskreis entstand. Zum Glück entdeckten weitsichtige Forscher von Agroscope, dass die Weibchen des Traubenwicklers die Männchen mit einem Sexualduftstoff, Pheromon genannt, für die Paarung anlocken. Es gelang ihnen, diesen Lockstoff im Labor herzustellen. Der Schritt von hier bis zur Anwendung im Rebberg war dann nicht mehr schwierig: Es wurden kleine Dispenser mit dem Pheromon entwickelt und diese kurz vor dem Flugbeginn in den Rebberg gehängt. Nun duftet der ganze Weinberg nach Traubenwickler-Weibchen. Verzweifelt fliegen die Männchen in dieser riesigen Weibchen-Duftwolke umher, können die Weibchen aber nicht oder nur selten finden. Ziel ist somit nicht die Vernichtung der Population, sondern man senkt die Vermehrung unter die Schadschwelle.

Auch entdeckte man ein Stoffwechselprodukt des Bodenpilzes *Bacillus thuringiensis* (kurz BT genannt), welches als natürliches Insektizid gegen den Traubenwickler verwendet werden kann. Heute sind viele Stämme dieser Bodenpilze bekannt, welche im Gemüse- und Ackerbau als biologische Mittel eingesetzt werden, um Kulturen vor fressenden Larven zu schützen. Die jeweiligen Stämme sind sehr insektenspezifisch und für andere Lebewesen unschädlich. Sie produzieren ein kristallisiertes Protein, welches von der jeweiligen Insektenart gefressen wird. Das Protein bewirkt im Magen und Darm, dass diese durchlöchert werden und in der Folge rasch zum Tod der Insektenlarven führt. BT wirkt nur gegen fressende Insekten, am besten im jungen Larvenstadium, also muss es zielgerichtet und im richtigen Moment eingesetzt werden.

REBLAUS VERNICHTET DEN REBBAU IN EUROPA, RETTUNG DANK PFROPFUNG AUF RESISTENTE, AMERIKANISCHE SORTEN

Auf den Wildreben in Amerika lebte seit Urzeiten ein Insekt, welches im Sommer Gallen an den Blättern und im Winter an den Wurzeln verursacht. Die verschiedenen Wildreben hatten sich daran mittels Abwehrkräften mehr oder weniger angepasst, sodass sich im Normalfall ein gewisses Gleichgewicht zwischen Schaderreger und Überlebenskraft der Rebe einstellen konnte. 1868 wurde dieses Insekt nach Europa eingeschleppt. Der französische Professor Jules Emile Planchon taufte es Phylloxera vastatrix, was verwüstende Zwerglaus bedeutet und heute unter dem Namen Reblaus jedem Winzer bestens bekannt ist. Die Europäer-Reben sind hochanfällig auf diese Laus, weshalb sie innert weniger Jahre Millionen von Hektar Reben zerstörte. Diese Katastrophe ging mit der Bezeichnung »Rebbaukrise« in die Geschichte ein, denn sie zog nicht nur die Winzer, sondern ganze Bevölkerungsteile in Mitleidenschaft.

Der Lebenszyklus der Reblaus ist kompliziert und ich stelle ihn nur sehr vereinfacht vor: Im Frühsommer befällt die Reblaus die Blätter und bildet in der Folge ihre Gallen aus. Sie überwintert im Boden und greift die Rebenwurzeln an, welche dann knotige Verdickungen, sogenannte Nodosen, bilden. Die Wiederholung dieses Zyklus und die rasche Ausbreitung im Blattwerk und an den Wurzeln führen nach wenigen Jahren zum Absterben ganzer Weinberge. Während die Blattgallen für die Rebe »nur« wachstumshemmend sind, werden die Wurzeln im Winter von der Reblaus regelrecht ausgesaugt.

Einer, der ganz entscheidend dazu beitrug, die Reblaus zurückzudrängen, war Hermann Jaeger, ein gebürtiger Schweizer, der 1866 in Missouri gemeinsam mit dem Entomologen Charles Valentine Riley und dem Rebzüchter Thomas Volney Munson damit begann, resistente Rebsorten zu züchten. Sie gingen dabei von der Beobachtung aus, dass es in Amerika wilde Rebarten gab, die von der Reblaus nicht betroffen waren; etwa *Vitis rupestris*, *V. lincecumii*, *V. aestivalis* und *V. cordifolia*. Eine erste erfolgreiche Züchtung wurde später unter dem Namen 'Jaeger 70' bekannt (auch 'Munson' genannt). Jaeger gab einige Pflanzen seiner reblausresistenten Kreuzung zur Erforschung an die Pharmazie- und Agronomieprofessoren Jules Émile Planchon und George Hussmann weiter. Schnell fanden diese heraus, dass diese Sorten nicht nur gegen die Reblaus, sondern auch gegen die Mehltau-Pilze Resistenzen zeigten und somit für den Anbau in Europa geeignet waren. Kluge Winzer wie z.B. Gaston Bazille erkannten, dass auf diese reblausresitenten Reben auch einfach eine andere Rebsorte aufgepfropft werden konnte. Man nennt dies Pfropfung oder Veredlung der gewünschten Sorte auf eine Unterlage. Dadurch entwickelten sie eine der erfolgreichsten und heute noch praktizierte biologische Abwehrmaßnahme gegen die Reblaus.

Da die resistenten Rebsorten aus Kreuzungen mit amerikanischen Wildreben abstammen, stellt sich die Frage, ob heutige pilzresistente Rebsorten auch gegen die Reblaus resistent sind. Valentin Blattner hat dies eine Zeit lang getestet und leider Befall durch Rebläuse festgestellt. So werden auch PIWI-Sorten auf resistente Unterlagen aufgepfropft.

BODENGESUNDHEIT, BIOLOGISCHE REGULIERUNG DES ENGERLINGS MIT DEM BEAUVERIAPILZ

Nicht alles im Boden ist aus unserer Sicht gutartig. Zahlreiche Pilze, Bakterien, Nematoden, Wurzelläuse (z.B. die Reblaus), Viren, Phyto- oder Mykoplasmen versuchen, in die Wurzel der Reben einzudringen und sie zu zerstören. Für den Biowinzer ist es wichtig, dass auch im Boden zwischen Schadorganismen und Gutartigen ein Gleichgewicht entsteht, wir nennen es Bodengesundheit. Beispielsweise bilden Penicillium-Pilze beim Kompostieren von Hofdüngern Stoffe, welche die Bodengesundheit verbessern, nämlich Antibiotika gegen schädliche Bakterien. Seit wir in unserem Betrieb Tiere halten, können wir den Rottemist der Pferde, welcher im Winter anfällt, unter den Rebreihen als Bodenverbesserer anwenden.

Der Engerling, die im Boden lebende Larve des Maikäfers, richtet manchmal an frisch gepflanzten Reben durch Fraß an den Wurzeln erheblichen Schaden an. Schon vor Jahrzehnten fanden Forscher von Agroscope in Wiesenböden bei Malans kranke Engerlinge. Sie fanden in der Folge einen Bodenpilz, *Beauveria brongniarti*, welcher die Engerlinge abtötet. Dies wurde als eine der ersten biologischen Maßnahmen etabliert, der Pilz wird im Labor auf sterilisierten Gerstenkörnern vermehrt und dann in Wiesen, Obstanlagen oder Rebbergen ausgebracht. In einer Parzelle, wo wir vor der Rebpflanzung viele Engerlinge gefunden hatten, haben wir bei der Pflanzung von jungen Reben jeweils solche verpilzten Gerstenkörner zu den Würzelchen gelegt. Beim Nachgraben nach einigen Wochen fand ich den Pilz als weißes Geflecht breit wuchernd um die Rebwurzeln. Wenn nun ein Engerling die Rebwurzel fressen will, wird er vom Pilz befallen und stirbt. Ernährt er sich hingegen nur von den jungen Reben und von den Wurzeln der Rebbergbegrünung, stört uns das überhaupt nicht. Gerne zeichne ich mit diesem Bild die Art eines sehr modernen Biolandbaues auf. Wir schützen gezielt die ertragbringende Kulturpflanze mit Mechanismen der Natur, ohne den Schaderreger zu eliminieren. Wir greifen nur lenkend ins

ökologische System ein, verschieben örtlich das Gleichgewicht zu unseren Gunsten, lassen aber weiterhin stabilisierende Vielfalt in diesem von uns geprägten Agrarökosystem walten. Fast ein wenig nach dem Prinzip »Leben und leben lassen«. Bedenkt man, dass in meiner Kindheit mit Helikoptern die schlimmsten Gifte an die Waldränder gespritzt wurden, um die Maikäfer abzutöten, erkennt man sofort, wie enorm wichtig die Entwicklung solcher biologischer Maßnahmen ist.

VIELFALT, VERNETZUNG UND KOMMUNIKATION VON PFLANZEN UND LEBEWESEN IM REBBERG ERÜBRIGT RADIKALE EINGRIFFE

Vielleicht denkt man beim Betrachten eines Rebberges, dass da einfach die Reben so für sich wachsen, und per Zufall noch ein wenig Begrünungspflanzen mit dazu. Das wird dem komplizierten Beziehungsnetz im Rebberg aber nicht gerecht: Alle Lebewesen kommunizieren mit ihrer Umgebung. Wichtiges Hilfsmittel sind dabei Farben, Düfte und Botenstoffe. Lernen Sie dazu ein paar Beispiele kennen.

Während der Rebblüte durchzieht ein ganz feiner, süßlicher Duft den Rebberg, der für uns fast nicht wahrnehmbar ist. Für zahlreiche andere Lebewesen ist er aber ein wichtiges Signal: Sobald die Rebblüte ihren Duft absondert, klettern plötzlich Rapsglanzkäfer in den offenen Blüten herum und schweben Florfliegen und Schlupfwespen herbei. Obwohl die Rebblüten Selbstbestäuber sind, und die Bestäubung genau in dem Moment stattfindet, wo die Blütenkappe abspringt, scheinen diese kleinen Tierchen in den Blüten Nahrung in Form von Blütenstaub zu finden.

Auch der Duft der reifen Trauben verbreitet sich im Rebberg und zieht Lebewesen an. Aus meiner Erfahrung mit der Sorte 'Muscat Bleu' gehe ich davon aus, dass Wespen und Schmetterlinge den Muscat-Duft der reifenden Traube schon von weit her erkennen, denn plötzlich sind sie zu Tausenden in der entsprechenden Rebparzelle. Ohne Schutznetze würden sie uns die Ernte zerstören. Auch die Kirschessigfliege beginnt mit der Eiablage jeweils bei der 'Muscat Bleu'. Sie reagiert vermutlich auch auf die schöne dunkelblaue Farbe der Trauben und bevorzugt offenbar deren glatte Beerenoberfläche.

Sogar im Boden werden Informationen ausgetauscht: Pflanzenwurzeln können bei einem Angriff durch Schaderreger Botenstoffe in den Boden abgeben und damit einen Nützling zu Hilfe rufen. Erstaunlich ist dabei, dass diese Botenstoffe von verschiedenen Bodenlebewesen weitertransportiert werden, bis sie den Nützling erreichen und sich dieser dann zur Wurzel begibt. Dort bildet er Abwehrstoffe für die Pflanze. Nach der Aufnahme durch die Wurzel gelangen diese mit dem Saftstrom zum oberirdischen Befallsherd. Beispielsweise liefern gewisse Mykorrhiza-Pilze Abwehrstoffe in die Wurzel, die dann oben auf dem Spross gegen Blattläuse als Gift wirken. Gut erforscht ist auch das Zusammenspiel von Leguminosen-Wurzeln und Knöllchenbakterien: Jede Leguminosen-Art sendet ganz bestimmte Botenstoffe aus. Damit lockt sie genau jene Bakterienart an, mit der sie eine enge Partnerschaft in Form der Knöllchen an der Wurzel eingehen kann. Die Leguminose wiederum ist mit den Fäden der Mykorrhiza-Pilze mit vielen anderen Pflanzenwurzeln verbunden, auch der der Rebe.

Je vielfältiger die Pflanzen- und Tierwelt im Rebberg ist und je intensiver deren Vetreter miteinander kommunizieren und sich fördern, aber sich auch gegenseitig regulieren, umso stabiler wird das Agrarökosystem Rebberg. Der Winzer muss dann nicht immer wieder gegen das eine oder andere Problem mit radikalen Eingriffen vorgehen, sondern kann zum sanften Lenker der Vorgänge werden. Seit 1989 haben wir nie mehr einen direkten Eingriff in unsere Reben mit biologischen Spritzmitteln gegen Schadinsekten durchgeführt.

9 BIODIVERSITÄT IM REBBERG – ERLEBNISSE VOM STAMMERBERG

Stellen Sie sich vor, Sie sind auf einer Wanderung durch den Wald einer abwechslungsreichen Hügellandschaft. Nun verlassen Sie diesen gegen Süden hin und vor Ihnen öffnet sich eine schön gegliederte Landschaft mit Hängen, Wiesen, Äckern, Hecken und Baumgärten. Am südlichen Horizont bestaunen Sie die Berge vom östlich liegenden Säntis, über die Churfirsten, Bündner Berge, die Rigi, den Pilatus hin bis zu den ganz im Westen liegenden Berner Alpen mit Eiger, Mönch und Jungfrau. Dann wird Ihr Blick angezogen von den drei wunderschönen Seen unten im Tal, streift dann hinauf zum Dorf, das sich zum steil abfallenden Rebberg hinaufzieht, über dem Sie hier gebannt von der prächtigen Landschaft stehen.

Ihre Neugier richtet sich nun auf diesen Rebberg. Verwundert entdecken Sie, dass dessen Parzellen ganz unterschiedlich aussehen: Rechts sehen Sie den gewohnten, klaren Heckenschnitt, die Rebreihen sind alle sauber herausgeputzt und die Fahrgassen ganz kurz gemäht, mit fast schon englischem Rasen. Doch was ist nur in der Parzelle nebenan los, so fragen Sie sich, da hängen Schosse herunter, da wuchern die Rebreihen ungeschoren, üppig und wild; die Trauben sind kaum zu sehen unter diesem ungepflegten Blätterdach. Das Gras und die Kräuter stehen mehr als kniehoch, die Wendestelle zur Straße ist auch nicht gemäht und bei einer Reihe liegt am Ende noch ein Haufen Steine und Rebholz. Beim genaueren Betrachten merken Sie, dass das steile Rebbord darunter wohl schon lange nicht mehr geschnitten wurde; da wachsen sogar Büsche! Ein wenig sprachlos stehen Sie nun da und fragen sich, welcher Rebberg und welcher seiner Winzer Ihre Sympathie denn nun gewinnen soll. Darf ich Ihnen bei der Entscheidung helfen durch die Ausführungen in diesem Kapitel? Lassen wir zuerst Mathias Villiger von BirdLife Zürich zu Wort kommen. Mit ihm konnte ich mein agronomisch geprägtes Wissen durch den Wissensschatz der Biologen bereichern, weil er auf unserem Weingut im Rahmen der Aktion »100 Mal Natur in Kanton Zürich« ein imposantes Projekt geleitet hat, mit dem sinnvollen Namen »Lebendiger Rebberg«.

BirdLife-Zürich-Projekt »Lebendiger Rebberg«
Mathias Villiger, Projektleiter
www.birdlife-zuerich.ch

Rebberge sind u.a. für viele Vogelarten wichtige Lebensräume. Mildes Klima und starke Sonneneinstrahlung sowie lockerer Wuchs der typischen Rebberg-Flora fördern die Insektenvielfalt und schließlich auch die Vielfalt an Brutvögeln. Strukturelemente wie Bäume, Hecken oder Bruchsteinmauern bieten diesen Brutmöglichkeiten. Rebstöcke, Pfähle und Fixierdrähte sind wichtige Sitzwarten. Auch für Reptilien spielen Rebhänge eine wichtige Rolle. Die sonnenexponierte Lage bietet diversen wärmebedürftigen Arten die nötigen Voraussetzungen. In vielfältigen, insektenreichen Rebbergen stimmt auch das Nahrungsangebot für diese Tiere. In der Regel weisen Rebberge zwar ein hohes ökologisches Potenzial auf, dieses wird aber kaum irgendwo voll ausgeschöpft oder bewusst gefördert. Viele konventionelle Weinberge sind über weite Strecken monoton, werden intensiv bewirtschaftet und weisen kaum auf natürliche Vielfalt ausgerichtete, ökologische Strukturen auf.

Generell kann die Biodiversität profitieren, wenn der Weinbau biologisch mit resistenten Sorten betrieben wird. Viele Störungen wie Durchfahrten für den Pflanzenschutz fallen dann weitgehend weg, die Begrünung kann extensiver stehen bleiben und blühen und sogar Vögel brüten in den Reben. Im Projekt kann der Rebberg schon beim Neupflanzen von resistenten Rebsorten mit dem Anlegen von verschiedenen Strukturen aufgelockert, dessen Eintönigkeit unterbrochen, mit Vielfalt ergänzt und mit Naturelementen flankiert werden. Ein Mosaik aus Kultur- und Naturstrukturen bietet unzählige Lebensräume und Randbereiche für eine vielfältige Fauna und Flora. Alles, was eine Monokultur aufbricht und als Trittstein oder auch als Korridor wirkt, belebt die Vielfalt an Organismen.

Trockenmauern und Steinlinsen für Wärmeliebende
Eine Trockenmauer ist nicht nur Lebensraum für sonnenhungrige Tiere und Pflanzen, sie ist auch ein bereicherndes Landschaftselement. Sie wirkt monumental und ist doch filigran, ein Mosaik aus robustem Steinmaterial. Als Symbol für eine Kulturlandschaft ist sie prädestiniert, Jahrzehnte zu überdauern. Sie verbindet die warme Sonnenfront mit dem Innenleben der Böschung und schafft so eine Verbindung zwischen Luft und Erde. Der fachgerechte Bau einer Trockenmauer ist eine Wissenschaft für sich, anspruchsvoll und hat ihren Preis. Sie zeugt aber während Jahrzehnten davon, Weinbau zu betreiben und gleichzeitig die Biodiversität in diesem speziellen Lebensraum zu fördern. Auch andere steinige Elemente wie Linsen oder Steinhaufen schaffen warme Strukturen. Genau dies brauchen wärmeliebende Organismen wie Insekten und Reptilien. In den feuchteren Verstecken daneben können sich auch Amphibien tummeln. Reichen die Steinstrukturen

bis rund einen Meter in den Boden hinein, bieten sie frostsichere Verstecke. Sandige Partien ermöglichen u.a. der Zauneidechse die Eiablage.

Vielfältige Ruderalflächen und blumige Magerwiesen
Oftmals sind die Böden auch rund um die Rebzeilen fett und nährstoffreich – nur konkurrenzstarke Pflanzenarten können sich hier ansiedeln und durchsetzen. Die leiseren, unscheinbareren und »schwächeren« Arten haben gar keine Chance. Nimmt man den humusreichen Oberboden bei den Zufahrtsflächen bis auf den mageren Unterboden in die Rebanlage hinein, werden diese Voraussetzungen verändert. Auf solchen gut trocknenden und mageren Bodenpartien können sich auch wieder selten gewordene Pionierpflanzen etablieren, sofern diese in der Umgebung vorhanden sind oder mit Samen wieder angesiedelt werden. Solche Einsaaten von ein- und mehrjährigen Arten haben hier deutlich bessere Voraussetzungen, artenreiche Flächen zu bilden. Von der Blüten- und Strukturvielfalt profitieren Wirbellose, Insekten, Vögel und unzählige weitere Organismengruppen. Gelegentliche Störungen durchs Befahren kann sogar die Keimung von selber versamenden Pflanzen fördern. Auch für zahlreiche Wildbienen-Arten sind offene und sich gut erwärmende Bodenstellen ein wichtiges Brutbiotop.

Reißt ein Rebfahrzeug beim Wenden ein wenig Boden auf, ist dies sogar erwünscht. Vögel finden dadurch Insektenlarven und selbst das selten gewordene Mausohr, eine Fledermausart, jagt am Stammerberg an solchen Stellen in der Nacht nach Nahrung.

Die angrenzenden Blumenwiesen werden gezielt und schonend beweidet. Das gibt Trittstellen, in denen noch stehende Grashorste oder Magerwiesenblumen versamen können. Darauf vermehren sich diverse Insekten mit Eiablage oder Puppen. Die großen Heupferde und viele andere Lebewesen wechseln je nach Jahreszeit und Nahrungsangebot vom Rebberg in die Wiese und zurück.

Rebterrassenböschungen und Einsaaten in den Fahrgassen als blumige Tummelfelder
Ein Teil des Rebberges in der Projektfläche ist sehr steil. Wir haben deshalb zur besseren und weniger gefährlichen Bewirtschaftung vor der Neubepflanzung Terrassen gebaut. Viele Jahre lang war der Hang zudem mit bunt blühenden Buntbrachen belegt, welche bis heute in den Böschungen entlang der angelegten Terrassen erhalten geblieben sind. Die Terrassen wiederum wurden mit einer sehr vielfältigen, blütenreichen Mischung von Gründüngungspflanzen angesät. Über mehrere Monate blüht es nun auf den Terrassen und Böschungen in immer wieder neuen Farben, mal gelb vom Senf und und von der Sonnenblume, mal blau von Lein und Phacelia, dann rot vom Mohn oder violett von der Luzerne. In der Buntbrache findet man Oregano, Malve, Rainfarn, Natternkopf, Königskerze und andere Blumen, die aus den Feldern verschwunden sind, worauf sich aber wochenlang Tausende von Bienen und Schmetterlingen tummeln können.

Wildrosen und Wildfruchtbüsche als Refugium und Trittsteine
Im Kanton Zürich sind zahlreiche, aber selten gewordene Wildrosen-Arten aus lokaler Herkunft erhältlich – die kantonale Fachstelle Naturschutz fördert die Vermehrung derselben. Durch die Pflanzung von Wildrosen am Ende von Rebzeilen, dornenreiche Buschgruppen und Hecken erhalten Vögel vor Räubern geschützte Verstecke für den Nestbau. Von den Wildrosen sind unzählige Insektenarten abhängig, die wiederum Nahrungsbasis für zahlreiche Vögel, Reptilien und Säugetiere sind und außerdem als Nützlinge in den Rebberg einwandern und Schaderreger dezimieren. Diese einheimischen Sträucher tragen Früchte; sei es für die einheimische Vogelwelt oder sei es für uns Menschen. Holunderbeeren, Sanddorn und Kornelkirsche sind Wildbeeren, die sich auch als Konfitüre oder zum Backen eignen. Bevor die Sträucher fruchten, sind sie auch zu Blühzeiten attraktiv, unzählige Insekten finden an ihnen ein reiches Nahrungsangebot. Bis in den Winter bereiten die farbigen Früchte auch den Spaziergängern Freude und ernähren eine breite Vogelwelt während der kargen Jahreszeit. Die Büsche dienen als Auflockerung der Rebkultur und als Zuflucht und Wanderhilfen für zahlreiche kleine und größere Tiere.

Hecken und Waldränder vernetzen
Vielfältige Hecken am Rand des Rebberges, mit Dornen, verschiedenen Sträuchern und einzelnen Bäumen bieten Unterschlupf und Gelegenheit zur gezielten Förderung von seltenen Vögeln mittels aufgehängten Brutkästen. Haselsträucher ernähren im frühen Frühling mit der reichen Pollenfracht die Raubmilben auf den Rebstöcken. Ihr Schatten spendet im Sommer den im Rebberg weidenden Schafen Schutz vor der Hitze. Werden Hecken, Ruderalstreifen, Wildbeerbüsche, Steinhaufen, Blumenstreifen, ungemähte Altgrashorste und weitere kleinere und größere Strukturen netzartig miteinander verbunden, können die vielen Lebewesen für die Suche von Nahrung, Schutz und Vermehrungspartnern hin- und herwandern.

Wiedehopf als Leittier des Projekts »Lebendiger Rebberg«
Oberstes Ziel des BirdLife Zürich-Projektes ist jedoch die Wiederansiedlung des Wiedehopfs *(Upupa epops)*. Durch die Wiederbelebung eines für ihn geeigneten Lebensraums auf unserem Rebberg versuchen wir, ihn zur Rückkehr zu ermuntern. Als die Rebberge noch extensiver und voller natürlicher Umgebungsflächen waren, hat er bereits einmal auf dem Stammerberg gelebt. Die Hoffnung, ihn hier wieder anzusiedeln, ist daher gut begründet. Heute leben nur noch 110 Paare in der Schweiz, vor allem im Wallis. Der Wiedehopf liebt warme und trockene Landschaften mit Büschen, Bäumen und Bracheflächen, insbesondere vielseitig strukturierte Rebberge mit Trockenmauern. Er ernährt sich von

Käfern und Kleingetier aus Ruderalflächen. Offene Bodenstellen oder lückige Vegetation um und im Rebberg erleichtern solchen Insektenjägern die Nahrungssuche. Zwar hat sich bislang erst einmal ein Wiedehopf beim Durchzug in den Süden bei uns für kurze Zeit niedergelassen. Doch große Freude hat hingegen die Rückkehr der seltenen Zaunammer in unseren vielfältigen Rebberg ausgelöst.

BirdLife Zürich
Als der Verband der Naturschutzvereine in den Zürcher Gemeinden bezweckt er den Schutz, die Pflege und die Verbesserung der natürlichen Lebensgrundlagen von Menschen, Tieren und Pflanzen, speziell der Vogelwelt, sowie die Erhaltung und Förderung der natürlichen, biologischen Vielfalt und einer naturnahen Landschaft im Kanton.

Zur Erhaltung der Natur sind wir für unsere Rebberg-Projekte auf Winzer angewiesen, die etwas ausprobieren wollen, nicht nur in der Produktion, sondern auch in der Förderung der Biodiversität. Es geht für beide Seiten darum, sich mit den Ansprüchen des anderen auseinanderzusetzen und Schnittmengen zu finden.

- Wir retten damit nicht die Welt, sondern schaffen Inseln, die lokal wirken. Als Nebeneffekt kreieren wir Anschauungsbeispiele, die eine Wirkung nach außen haben und weitere Winzer/Bauern/Naturschützende, aber auch Weinkunden oder Gemeinderätinnen inspirieren können.
- Aufwertungen wie Bauten, Anlagen und Pflanzungen, die sichtbar werden und physisch erlebbar sind, sind relativ einfach zu finanzieren. Schwieriger ist es, Beratung oder Nachbetreuung als wichtigen Teil eines Projekts zu integrieren.
- Man muss und kann eine längerfristige Beziehung mit den Rebbauern aufbauen. Es ist vorteilhaft und wertvoll, wenn ein Projekt mehrere Jahre dauert. Das kann auch heißen, dass die ursprüngliche Planung nicht immer buchstabengetreu umgesetzt werden kann. Es gibt Änderungen, neue Ideen tauchen auf, ursprünglich angedachte Pläne werden überholt, neue Realitäten entstehen. Ein längerfristiger Austausch und eine Zusammenarbeit vor Ort über die Projektdauer hinaus sind unersetzlich. Erst nach einigen Jahren kann eine Wirkung im Feld und auch auf den Betrieb selber beurteilt werden.

BEVORZUGEN VÖGEL UND WILDSCHWEINE BIO?

Macht es denn eigentlich für Tiere wirklich einen Unterschied, ob ein Stück Land konventionell oder biologisch bewirtschaftet wird? Selten haben wir zu dieser Frage ein so eindrückliches Erlebnis gehabt wie vor einigen Jahren als wir in Nussbaumen gerade damit beschäftigt waren, unsere Reben zu schneiden. Wir haben dort mehrere Parzellen verteilt über den Dorfrebberg neben den Parzellen unserer Nachbarn. Anders als wir bewirtschafteten sie ihre Reben aber konventionell. Plötzlich tauchte ein recht großer Vogelschwarm auf, vermutlich Hänflinge, und flog direkt in unsere Parzelle. Die Vögel setzten sich ins Schnittholz, flatterten emsig herum und pickten an den frühwachsenden Vogelmieren, an Ehrenpreis und jungen Rispengräsern herum. Dann erhob sich der Schwarm und flog in die nächste Parzelle. Diese war aber nicht eine der konventionell bewirtschafteten Parzellen unserer Nachbarn, sondern wiederum eine von unseren biologisch bewirtschafteten Parzellen. Dieser Umzug von Parzelle zu Parzelle setzte sich noch viele Male fort – und jedes Mal zogen die Vögel unsere Bio-Rebparzellen den Nachbar-Rebparzellen vor, obwohl auch dort das Schnittholz in den Reihen lag. Vielleicht haben sie in unseren Reben mehr Futter gefunden!

Im Winter und Frühling ist im Wald beim Stammerberg eine große Rotte von Wildschweinen unterwegs. Viele Wegränder und waldnahe Extensivwiesen werden von ihnen aufgewühlt, weil sie Kleintiere und Wurzeln ausgraben. So ergeht es auch einem waldnahen Rebberg von uns, oft ist er im Frühling kräftig aufgewühlt. Bei genauerer Inspektion konnten wir feststellen, dass sich die Rüssler offenbar genau an die Parzellengrenze halten. Keine Wühlspur bei den Rebnachbarn! Mein Biobauer-Freund Michael Moser, der sich als Wildhüter auf die Beobachtung der Wildsauen spezialisiert hat, erklärt sich die Sache mit dem hervorragenden Geruchssinn der Schweine. Im Frühling wühlen die Wildsauen in den waldnahen Äckern seiner Wildhut, egal ob konventionell oder biologisch bewirtschaftet. Wenn aber dann bei Vegetationsbeginn die konventionellen Felder mit Herbiziden gespritzt werden, wechseln die Sauen ganz gezielt in die Biofelder. Kein Wunder also, dass sie meinen ungespritzten Rebberg mit resistenten Sorten bevorzugen! Dank höherer Biodiversität gibt es auf diesen auch viel Kleintiere, und demzufolge viel mehr natürliches Schweinefutter als unter dem englischen Rasen der Nachbarreben!

RÄUBER IN DEN LÜFTEN

Die ganz großen Heuschrecken, wir nennen sie im Volksmund »Heupferde«, lieben alte, hohe Gräser. Da die Grashalme vorne vom Traktor niedergedrückt werden, fliegen sie und viele andere Insekten davon, wenn wir die Begrünung schneiden müssen. Wie bin ich da einmal erschrocken, als ein Mäusebussard von hinten nur wenige Zentimeter über meinen Kopf gebraust ist, und stracks weiter vorne eines dieser herumflatternden Heupferde schnappte. Die Beute hat er noch im Flug vertilgt. Eine prächtige Flugschau!

Viele Heupferde sind so schlau und flüchten sich in die Laubwand der Reben. Weil wir nur jede zweite Fahrgasse mähen, finden sie dann einige Wochen in den nicht gemähten Fahrgassen daneben Unterschlupf. Ein anderes Mal, und zwar ebenfalls beim Mulchen der Begrünung, habe ich mich gewundert, warum ein Krähenpaar hinter mir her war. Dann plötzlich habe ich gesehen, wie sie eine Maus ergatterten: Mein Gerät hat deren Versteck unter den Stöcken freigelegt. Offensichtlich sind die intelligenten Krähen also auch Raubvögel!

Unsere weiteren Rebanlagen mit breiten Fahrgassen bietet einen guten Lebensraum für Vögel mit großen Spannweiten. Ein Bussardpärchen lebt schon lange bei uns. Wir können sie manchmal beim Jagen beobachten. Sie sitzen auf den 2,3 m hohen Pfählen, fliegen dann nahe am Boden, oft sogar quer zu den Fahrgassen unter den Rebzeilen zwischen den Stöcken durch und holen sich ihre Beute. Mit Leichtigkeit starten sie dann aus der Fahrgasse in die Höhe. Der Rebberg Ölenberg ist unten und oben eingerahmt von Hecken mit mächtigen Bäumen. Die alte Eiche wird als Aufsitz vom Falkenpärchen geschätzt. Wir freuen uns über die Schreie ihrer Jungen, wenn die Eltern im Rüttelflug über dem Rebberg jagen.

FÜCHSE, REHE, KITZE

Auch die Füchse haben den guten Speiseplan in unseren Rebbergen entdeckt. Gerade bei zwei unserer Rebberge haben sie Quartier bezogen und ihre Höhle in die angrenzende Hecke gebaut. An einem Abend habe ich die ganze Familie anschleichen können und lange Zeit zugesehen, wie die Fuchsmutter mit ihren Welpen herumtollte und in der Abendsonne mit ihnen spielte.

Auch Rehe leben in unseren Reben. Sie fressen der Luzerne die Spitzen ab. Logisch: In den Spitzen befindet sich am meisten Eiweiß und Zucker als Kraftnahrung für die säugende Mutter. Wir haben zwei vom Dorf etwas entfernt liegende Rebberge, beide sind sehr schön von natürlichen Hecken umgeben. Der eine, Hungerbüel genannt, liegt unten für sich in einem eigenen kleinen Tal. Dort können wir seit vielen Jahren eine Rehgeiß beobachten, die jedes Jahr ihre Kitze aufzieht. Die abgelegene Lage und das späte und abwechselnde Mulchen der Fahrgassen scheint ihr zum Gebären und Verstecken der Kitze zu behagen. Bei Gefahr ducken sie sich, man kann sie dann gut beobachten. Diese Verhaltensweise ist aber auch gefährlich, weil die Kitze so vom Traktor und Mulchgerät aus kaum zu sehen sind. Wenn wir spät mulchen, informieren wir daher am Tag zuvor den Wildhüter. Zusammen mit ihm »verblenden« wir dann die Parzelle; d.h. wir hängen weiße Säcke an die Parzellenränder. Die flatternden Säcke beunruhigen in der Nacht die Rehmutter, also holt sie ihre Kitze aus dem Rebberg und flüchtet in benachbarte Getreidefelder. Der andere Rebberg, Ölenberg genannt, liegt etwa ein Kilometer weiter oben gegen den Wald hin. Vor einigen Jahren habe ich mich gewundert, warum sowohl im Ölenberg als auch unten im Hungerbüel neben der Hecke ein Weglein im hohen Gras ausgetrampelt war. Als ich dann die Rehmutter mit ihren Drillingen im Hungerbüel und bald darauf auch im Ölenberg gesehen habe, wurde mir klar, dass sie hin- und herwechselt. Warum aber genau nur in unseren Rebbergen?

Diesen Zusammenhang begann ich zu erahnen, als ich einmal in der Morgendämmerung im Ölenberg das biologisch-dynamische Kieselpräparat ausgebracht habe. Ich habe nicht schlecht gestaunt, als ich die vier Rehe wenige Meter vor mir in einer Reihe antraf. Zuerst haben sie mich neugierig angeschaut, dann sind sie flink unter den Stöcken durchgeschlüpft. In der Wildnis unserer »Naturreben« können sie sich gut und rasch verstecken und Futter finden sie im üppigen Unterwuchs ebenfalls genug. Auch lieben sie die Triebspitzen der Rebschosse; und

schließlich konnte ich sie auch schon dabei beobachten, wie sie den Kopf unter die Hagelnetze reckten und an den reifen Trauben naschten. Weil ich sie im Ölenberg durch meine Arbeit gestört habe, sind sie zügig zum Hungerbuel heruntergerannt. Zwischen den beiden Rebbergen liegt eine häufig befahrene Straße. Im Herbst sah ich dann die Mutter leider nur noch mit zwei Bambis…

Bei Jungreben müssen wir vorsichtig sein: Die Rehe und Wildhasen lieben die zuckerreichen Spitzen der Schosse. Jungparzellen müssen wir daher drei Jahre lang einzäunen, sonst würden die Tiere uns die wachsenden Reben dauernd köpfen und wir könnten jahrelang keine Stämme aufziehen. Auch im Herbst kann es mal heikel werden: Muscatduft und Zuckersaft sind verführerisch, da trifft man schon mal Rehe beim Traubenfressen an!

SPÄT UND ALTERNIEREND MULCHEN FÖRDERT ALTGRASHORSTE UND DIE INSEKTEN

Unser Mulchgerät ist vorne mit Mulchtellern für den Schnitt unter den Stöcken, also unter der Rebreihe, ausgestattet. Diese schwenken beim Rebstock jeweils in die Fahrgasse zurück, weshalb das Gras nicht ganz exakt rund um den Stock geschnitten wird. Hinten am Mulchgerät sind Stockputzer montiert, welche mit ihren rotierenden Gummilappen dann noch ein wenig Gras rund um den Stock abreißen. Dennoch bleiben viele alte Halme in Stocknähe stehen. Dies ist uns durchaus recht, denn davon können sich weiterhin Insektenlarven und viel Kleingetier ernähren und darin verstecken. Weil wir jeweils nur jede zweite Fahrgasse, also alternierend, mulchen, steht in der spätgeschnittenen Fahrgasse verblühtes Heugras hoch bis über den Bindedraht der Reben. Das ist natürlich wunderbar für die Nützlinge. Sie finden reiche Nahrung in Form von Pollenstaub auf dem Unterwuchs und können erst noch mühelos von der Rebe zum Boden und zurückklettern. Einzigartig schön glitzern am Morgen die Tautropfen in den Spinnennetzen, welche zwischen Gräsern, Kräutern und Rebschossen filigran aufgespannt sind. Hier gibt's dank des Regens hin und wieder viel Beute!

40

WIE ES FRÜHER WAR – DER GEHACKTE REBBERG UND DIE ZWIEBELGEWÄCHSE

Traubenhyazinthen, Rebberg-Lauch und Milchstern sind Zwiebelgewächse. Sie treiben sehr früh und lieben freie, offene Stellen. Sie ertragen die Konkurrenz von dichtem Gras und hochwachsenden Kräutern schlecht. Die drei Arten fand man früher häufig in den traditionell bewirtschafteten Rebbergen, als noch mit der Handhacke oder dem Rebpflüglein gearbeitet wurde. Im Herbst wurde damals den Rebreihen entlang die Erde als kleiner Damm aufgehäuft, im frühen Frühling, idealerweise bereits im Februar, dann wieder weggehackt. Das Ziel dieser Arbeit waren saubere Rebberge, damit die Reben im Frühling schneller wachsen. Wer nicht gehackt hat, galt als fauler Winzer. Wenig sinnvoll war aber, dass durch diese Maßnahme bei starkem Regen viel Erde den Rebberg hinuntergeschwemmt wurde und wieder mühselig hinaufgebracht werden musste. Deshalb wird diese Methode des Hackens heute kaum noch praktiziert.

Mancherorts wird versucht, mit modernen Maßnahmen diese traditionellen Pflanzenarten im Rebberg zu erhalten. Für den Biowinzer ist das mit speziellem mechanischen Aufwand verbunden. Mit der Unterstock-Flachschar, einem Gerät, welches unter den Stöcken die Begrünung nur wenige Zentimeter unter dem Boden wegschneidet, muss schon ganz früh, möglichst noch im Februar, der Grasfilz unter den Stöcken weggeschnitten werden. Seit ein paar Jahren breitet sich der Milchstern und der Rebberglauch auch bei uns in zwei steilen Rebparzellen wieder erstaunlich stark aus. Wir haben hier die Begrünung jeweils im Winter von den Pferden abweiden lassen. Offenbar profitieren nun die Zwiebelgewächse davon, weil die Begrünung geschwächt wurde und im Frühling nur langsam austreibt. Diese Lücke nutzt der sehr früh aus den Zwiebeln treibende Milchstern. Allerdings ist der Milchstern giftig, weshalb mit dem zweiten Weidegang solange gewartet werden muss, bis die Pflanze verblüht ist, ihre Stängel und Blätter welken, und sich die Pflanze in die Zwiebel zurückzieht.

10 BODENBILDUNG DURCH VERWITTERUNG UND PFLANZENERNÄHRUNG AUS MINERALIEN

Wenn der Biowinzer das Wachstum seiner Reben beobachtet und dieses mittels Pflege des Bodens lenken will, ist er auf die grundlegenden Naturvorgänge bei der Bodenbildung und beim Herauslösen und der anschließenden Aufnahme der mineralischen Nährstoffe aus dem Boden in die Wurzel angewiesen. Manches kann er beschleunigen, damit die Rebe frohwüchsiger wird, doch die rund 10 000 Jahre seit der letzten Eiszeit haben sein wichtigstes Gut, seinen Rebbergboden, entscheidend geprägt. In der Folge lernen wir diese Grundlagen und die Beeinflussungsmöglichkeiten durch den Winzer kennen.

MUTTERGESTEIN, DIE GRUNDLAGE DER BODENBILDUNG

Die Entstehung der Landschaft und ihrer Böden in der Schweiz kann man ganz vereinfacht etwa so darstellen: Vor Urzeiten lag hier ein riesiges Meer mit vielen Meerestieren. Deren kalkhaltige Skelette sanken nach ihrem Absterben zu Boden und bildeten eine riesige Sedimentdecke, die sich später zu Kalkgestein verdichtete. Urkräfte aus dem heißen Inneren des Erdballs schoben dann die Alpen und den Jura auf. Durch Erosion gelangten dabei die Kalkschichten an die Ränder der Alpen und bildeten im Alpenvorland große Schuttkegel. Das ist der erste Faktor der Bodenbildung: das örtlich verschiedene Muttergestein mit seinen natürlich gegebenen Eigenschaften. Im Norden, also im Jura, ist es als ehemalige Ablagerung aus dem Urmeer sehr kalziumhaltig (Ca) und somit ein basisch wirkendes Gestein.
Im Alpenmassiv und im Tessin dagegen ist es magmatisches Urgestein aus dem Erdinneren, welches zu Granit und Gneis erstarrte. Es hat einen hohen Anteil an Silizium (Si) in Form von Kieselsäureverbindungen und ist somit ein sauer wirkendes Gestein.

ZEIT, KLIMA, PHYSIKALISCHE VERWITTERUNG, MECHANISCHE ZERKLEINERUNG

So richtig los mit der Bildung der heutigen Böden ging es allerdings erst, als die letzte Eiszeit zu Ende ging; also vor rund 10.000 Jahren. Hier lernen wir weitere Faktoren der Bodenbildung kennen, die nötige Zeit und die vom Klima bewirkten physikalischen Vorgänge. Durch Frost und Druck wurde Felsmaterial in den Alpen abgesprengt, zerkleinert und vorangeschoben. Dadurch haben die eiszeitlichen Gletscher große Mengen Moränenmaterial aus dem Alpenraum ins Mittelland verfrachtet und damit ebenfalls zur Bodenbildung beigetragen. Zuerst von den Alpen im Süden nach Norden kommend, haben sie sich bei uns von Osten gegen

Westen gewendet und weitergeschoben. Darum liegen unsere Rebberge ideal südexponiert an den zurückgebliebenen Moränenhängen. Das Klima als Faktor der Bodenbildung bewirkt die physikalisch-mechanische Zerkleinerung des Muttergesteins, dessen Erosion und Ablagerung. Frost und Hitze wechseln sich dabei ab und sprengen große Felsen in Steinklötze und weiter in kleine Teile; Wind wirbelt diese auf und schleift damit die Felsbrocken. Das Wasser aus den Niederschlägen transportiert Gesteinsteile. Gletscher, Bäche und Flüsse zerreiben diese zu Sand, Schluff und Ton. Lagern sich diese als Sedimente schließlich wieder ab, entstehen erste Bodenschichten. Dabei kommen unterschiedlich große Bodenteilchen auf- und nebeneinander zu liegen, was zu Hohlräumen und damit zu den lebensnotwendigen Poren für Luft und Wasser im Boden führt. Je nach Anteil der verschieden großen Bodenteilchen entstehen verschiedene Böden mit unterschiedlicher Dichte, z.B. Kiesböden, Sandböden, Tonböden oder Schluffböden. In der Fachsprache werden ihnen auch aufgrund ihrer Zusammensetzung und Entstehung spezifische Namen zugeordnet, wie beispielsweise Braunerde oder Gley.

CHEMISCHE UND BIOLOGISCHE VERWITTERUNG, FREISETZUNG VON MINERALSTOFFEN, AUFBAU VON ORGANISCHEN SUBSTANZEN DURCH LEBEWESEN

Chemische Vorgänge in der Natur sind ein weiterer Faktor der Bodenbildung. Das Kohlendioxidgas in der Luft ist in Wasser gut löslich. Bei Niederschlägen wird ein bisschen davon in die Wassertropfen aufgenommen. Dadurch entsteht Kohlensäure im Wasser. Trifft nun dieses leicht saure Wasser auf Gestein, so vermag es Mineralstoffe aus diesem auszulösen und in Form von Ionen den Lebewesen verfügbar zu machen.

Ein weiterer Faktor ist die biologische Bodenbildung durch Lebewesen. Steine und Feinteile werden von Kleinstlebewesen wie Pilzen, Bakterien und Algen besiedelt. Pilze und Bakterien leben symbiontisch als Flechten auf Steinen, einige Algen sind zur Fotosynthese fähig, ein paar wenige Bakterien zur Stickstofffixierung aus der Luft. Bei ihrem Wachstum entsteht organische Substanz, wovon sich andere Kleinstlebewesen ernähren. Diese vermehren sich, wodurch der anfangs rein mineralische Boden langsam lebendiger wird. Die Lebewesen scheiden organische Säuren und Enzyme aus, welche Ionen aus den Bodenteilen und der Steinoberfläche herauslösen, wovon sie sich nun auch ernähren können. Wir nennen diese Lebewesen »Lithobionten«, weil sie sich sozusagen von Steinen ernähren (»lithos« und »bios« sind griechische Begriffe und bedeuten »Stein« und »Leben«). Nach ihrem Absterben ernähren sich andere Lebewesen von deren Überresten. Sie verdauen dabei die organischen Teilchen, also die darin gespeicherten Kohlenstoffverbindungen und Mineralien, für ihren Stoffwechsel und nutzen die darin enthaltene Energie. Auch sie lösen mit Säuren und Enzymen weitere Nähr-Ionen aus den Mineralien. Dadurch steigt der Gehalt an verfügbaren mineralischen Nährstoff-Ionen im Boden, bis sich davon erste Pionierpflanzen ernähren können. Diese grünen Pflanzen können dank der Fotosynthese wachsen und große Mengen Kohlendioxidgas zu organischer Masse aufbauen. Was davon abstirbt, dient wiederum den Mikroorganismen als Nahrung. Nach deren Absterben sind die Mineral-Ionen für weitere Pflanzen verfügbar. Dieser Kreislauf geht immer weiter, der für die Lebewesen gut verfügbare Gehalt an mineralischen Nährstoffen steigt dadurch an, das Wachstum wird üppiger. In einem sehr lebendigen Rebbergboden können pro Hektare durchaus 10 t Pilze, 10 t Bakterien, 2 t Regenwürmer und über 1 t andere Kleintiere leben. Über die Zahl der Kleintiere, welche über dem Boden kriechen und krabbeln, kann nur spekuliert werden. Vor Kurzem haben Forscher die Anzahl Spinnen pro Hektare auf etwa eine Million geschätzt.

Die beschriebenen Vorgänge der Bodenbildung sind die tragenden Säulen der Bodenfruchtbarkeit. Im biologischen Landbau versuchen wir sie täglich zu nutzen und zu fördern.

PHYSIKALISCHE GRUNDLAGE DER BODENFRUCHTBARKEIT

Unter der physikalischen Grundlage der Bodenfruchtbarkeit verstehen wir die Gründigkeit des nutzbaren Bodenprofils sowie seine Zusammensetzung aus den verschiedenen Bodenteilen und deren Größe (Steine, Sand, Schluff und Ton). Aus den Anteilen dieser Bestandteile ergibt sich die Art der Poren und die Dichte des Bodens. Viel Steine und Sand bedeutet viele grobe Poren, viel Schluff und Ton führt hingegen zu einem dichten Boden mit vorwiegend feinsten Poren. Ein idealer Boden ist mehrere Meter tief hinunter gut verwittert und auch dort noch für Wurzeln und Lebewesen nutzbar. Er enthält wenige, nicht zu große Steine und ist ausgewogen zusammengesetzt, mit je etwa einem Drittel Sand, Ton und Schluff. Die Hälfte des Bodens unter unseren Füßen ist festes, mineralisches Material. Die andere Hälfte sollen Poren sein, am besten je zur Hälfte mit Luft und Wasser gefüllt. Etwa ein Drittel der Poren sollen so groß sein, dass sie starke Niederschläge abführen können. Mehr als ein Drittel sollen die Mittelporen ausmachen. Sie speichern viel wurzelverfügbares Wasser über längere Zeit. Die Bauern schätzen diese mittelschweren Böden, wo Sand, Schluff und Ton je zu etwa einem Drittel vorkommen. Der Sand macht sie porös und gut bearbeitbar, der Ton macht sie genügend bindig, schafft dadurch viel Mittelporen und speichert Nährstoffe und Wasser und der Schluff trägt zur Nährstoffversorgung bei.

CHEMISCHE GRUNDLAGE DER BODENFRUCHTBARKEIT

Die chemische Grundlage der Bodenfruchtbarkeit bezieht sich auf den Gehalt an Nährstoffmineralien in den Bodenteilchen, deren Bindung oder Löslichkeit als Ionen und den Säuregrad des Bodens. Bauern wünschen sich einen Boden mit hohem, aber ausgewogenem Gehalt der Hauptnährstoffe Phosphor, Kalium, Magnesium, Schwefel, Calcium sowie den wichtigen Spurenelementen (Silizium, Eisen, Kupfer, Mangan, Bor usw.). Je besser der Boden verwittert ist, desto pflanzenverfügbarer sind dessen Mineral-Ionen. Dies ist der Fall bei einem mittleren Säuregrad, also einem pH-Wert zwischen 6 und 7.

BIOLOGISCHE GRUNDLAGE DER BODENFRUCHTBARKEIT

Die biologische Grundlage der Bodenfruchtbarkeit bezieht sich auf die Lebewesen, die den Boden bewohnen, sowie auf ihre Eigenschaften. Sie bauen organische Verbindungen auf, was Kohlenstoff und Stickstoff in die Wachstumsvorgänge bringt. Sie durchdringen die luft- und wasserhaltigen Poren, bauen Humusstoffe auf, kleben die Bodenteilchen zum porösen, elastischen Krümelgefüge zusammen, lösen Nährstoffe, nehmen sie auf und zerlegen sie wieder. Sie atmen oder gären und ermöglichen dadurch den Fluss der Energie über das reiche Netz des Lebens im Boden. Wachsen neben der Rebe auch Klee sowie Gräser und Kräuter im Rebberg, so erschließen sie neue Bodenkompartimente bis in die Tiefe des unverwitterten Muttergesteins. Die Ausscheidungen der Lebewesen und die absterbenden Wurzeln dienen den Reben durch die Bodenlebewesen als Nahrung. Fruchtbare Böden sind bis in mehrere Meter Tiefe reich belebt, krümelig, porös und humushaltig und intensiv durchwurzelt. Alte Bauern gaben mir den Rat: »Wenn du Land kaufen willst, schau die alten Birnbäume und die Wiese dazwischen an. Hohe Bäume mit mächtiger Krone und ausladenden Ästen auf einer üppig wachsenden Wiese mit guten Gräsern zeigen tiefgründige, reichhaltige und gare Böden«.

Doch wie kann der Biobauer, insbesondere der Biowinzer, die physikalischen, chemischen oder biologischen Eigenschaften seiner Böden beeinflussen und so deren Fruchtbarkeit erhöhen? Dazu im Folgenden ein paar Erläuterungen und Beispiele.

DIE BODENPHYSIK ZU VERÄNDERN, IST NUR BEGRENZT MÖGLICH

Sollen wir einem zu sandigen oder kiesigen Boden Ton zuführen oder einem zu tonreichen, dichten Boden Sand? Ein schwieriges Unterfangen, und in großem Stil auch ein unsinniges. Im kleinen Rahmen kann es aber durchaus erfolgversprechend sein. Das Vorbild hierzu gibt der berühmte Bauer Jakob Gujer (1718–1785), Kleinjogg genannt, der auf seinem Hof eine Sandgrube hatte. Täglich fügte er dem Mist Sand zu. Das machte den Mist lockerer und verbesserte dessen Rotte. Da er schwere, also tonreiche Böden hatte, wollte er mit dem Ausbringen des so behandelten Mistes auf die Felder seine Böden kontinuierlich verbessern, also mit dem Sand leichter bearbeitbar machen und Mineralien zuführen. In den 1930er-Jahren haben Biobauern seine Methode wieder aufgenommen und damit begonnen, Stein- und Tonerde-Mehl zum Mist, Kompost oder zur Gülle hinzuzufügen.

Mit diesen fein vermahlenen Abfällen aus Steinbrüchen oder Kiesgruben können den Hofdüngern Spurenelemente beigefügt werden und vorhandene Mineralstoffe besser gebunden werden. Der tonige Boden wird mit kieselreichem Gesteinsmehl poröser, der sandige Boden dagegen mit Tonerde-Mehl bindiger. Die fein vermahlenen Mineralien können von den Bodenlebewesen über die Jahre weiter aufgelöst werden. An den riesigen Oberflächen der feinen Partikel dieser Mehle binden sich schon im Mist oder Kompost verlustgefährdete Nährstoffe und es siedeln sich darauf Rottelebewesen an. Beim Forschungsinstitut Agroscope bin ich auf einen Versuchsbericht aus den Anfängen des biologischen Landbaues in den 1930er-Jahren gestoßen. Darin wurde eine positive Wirkung von Gesteinsmehl auf den Ertrag von Ackerfrüchten nachgewiesen. Vermutlich lassen sich diese Ergebnisse heute nicht mehr wiederholen, weil das Ertragsvermögen der heutigen Sorten nach so vielen Jahren der Züchtung unter Mithilfe des angestiegenen Hofdüngereinsatzes deutlich höher ist als damals. Doch mit der Anwendung von Steinmehl und Tonerde auf den Pferdemist möchten wir die Qualität der Trauben verbessern, indem der Mineralstoffgehalt, insbesondere von Silizium, angehoben wird. Silizium ist nämlich als Bestandteil beispielsweise der Pflanzenhaut und der Fasern ein bedeutungsvoller Mineralstoff und beeinflusst Wassergehalt und Struktur der Pflanzen und Lebensmittel. Silizium oder Kieselsäure wird im heutigen Pflanzenbau jedoch völlig unterschätzt; einzig der biodynamische Landbau schenkt ihm wirklich Beachtung.

BODENCHEMISMUS ERHÖHEN, OHNE RAUBBAU AN DEN NÄHRSTOFFLAGERN DER WELT ZU BETREIBEN

Nach der heute weit verbreiteten Lehrmeinung wird gedüngt, was die Pflanze mit der Ernte dem Boden entzieht. Zu diesem Zweck kommen große Mengen an Mineralhandelsdünger zum Einsatz. Für die konventionelle Landwirtschaft werden diese künstlich behandelt, z.B. mit starken Säuren, damit sie im Boden rasch wasserlöslich sind und von der Wurzel mühelos direkt aufgenommen werden. Die Pflanzen wachsen dadurch schneller und fast ohne die Hilfe der Bodenlebewesen. Bei Starkregen gehen aber viele dieser Düngerstoffe in die Gewässer verloren. Im biologischen Landbau verwenden wir, wenn überhaupt, nur Mineraldünger in sehr ursprünglicher Form, sodass die Bodenlebewesen viel Zeit brauchen, um diese aufzulösen und für die Pflanzenwurzeln verfügbar zu machen. Was also beim konventionellen Anbau auf den ersten Blick elegant und einfach zu sein scheint, ist nicht nachhaltig: Weltweit werden riesige Mengen Düngemittel aus Lagerstätten abgebaut oder synthetisiert und über den ganzen Erdball transportiert. Die Dünger-Lagerstätten sind aber begrenzt. Zwar kann Stickstoff industriell mit hohem Energieverbrauch auch der Luft entzogen werden, doch sind dafür 1–2 kg Erdöl pro kg Stickstoff notwendig. Weil das Erdöl wiederum auch keine unbegrenzt zur Verfügung stehende Ressource ist, wird dadurch das Problem lediglich verschoben. Zudem stellt sich mit dem Verbrauch von Erdöl das Problem, dass dessen Verbrennung das in Urzeiten in tiefen Erdschichten eingelagerte CO_2 in die Atmosphäre freisetzt, was das Klima der Erde verändert. Der biologische Landbau will diese Lagerstätten daher möglichst wenig antasten und stattdessen das Gleichgewicht der Natur möglichst effizient nutzen. Auf synthetischen Stickstoff wird im Biolandbau daher grundsätzlich verzichtet. Im nächsten Kapitel werden wir deshalb die Gewinnung des Stickstoffes mithilfe der Knöllchenbakterien an den Leguminosewurzeln genauer kennenlernen. Mineralische Nährstoffe aus Gesteinslagerstätten dieser Erde werden im biologischen Landbau sehr zurückhaltend und nur in roher Form des vermahlenen Gesteines verwendet, und zwar nur dann, wenn im Boden ein eindeutiger Mangel mittels Analyse festgestellt wurde.

BODENBIOLOGIE MEHREN: WIE DER BIOWINZER DIE LEBENDIGEN NATURKRÄFTE STEIGERN KANN

Die Fruchtbarkeit des Bodens mit eigenen Mitteln zu steigern heißt, die vorhandenen Naturkräfte zu nutzen. Darum müssen wir das Leben im Boden mehren. Der Schlüssel dazu ist das durch die Fotosynthese bewirkte Wachstum der grünen Pflanze und ihrer Wurzel.

Wie gelangt das Rebhaarwürzelchen an die Mineralien? Wenn es genügend in den Kohlenhydraten gespeicherte Sonnenenergie bekommt, verfügt es über die Kraft, organische Säuren an den Wurzelhaaren auszuscheiden und mit diesen die stärker gebundenen Bodenmineralien anzugreifen. Wichtig ist dabei die Hilfe mikroskopisch kleinen Bakterien und Pilze. Diese scheiden ebenfalls Säuren aus und lösen Nährstoffe. Dabei spielen auch von Pflanzen oder Bodenlebewesen ausgeschiedene Botenstoffe eine Rolle. Jede Pflanze schafft sich durch ihre Wurzelausscheidungen in Form von Botenstoffen und zuckerreicher Nahrung ihre eigene Bodenlebewesen-Nachbarschaft, mit der sie leistungsfähig zusammenlebt. Heute sind zwei Typen von Lebensgemeinschaften an den Wurzeln sehr gut bekannt –

die Stickstoff fixierenden Knöllchenbakterien und die Mykorrhiza-Pilze (siehe dazu mehr weiter unten). Wie schon erläutert, ernährt die Pflanze ihre Wurzeln durch üppiges Wachstum der grünen Teile, steigert damit deren Wachstum, gibt viele Kohlenhydrate an die Bodenlebewesen ab, wodurch sich diese sehr rasch vermehren. Wurzeln und Bodenlebewesen lösen sehr viele Mineral-Ionen aus dem Boden und bauen es in ihre organische Substanz ein. Alt gewordene organische Teilchen sterben ab und werden abgebaut, wodurch die Mineral-Ionen erneut zur Verfügung stehen. Ein fast sich selber anspornender Kreislauf! Wir fördern dies im Rebberg mit schonender Bodenpflege, gezielter Lockerung, Ansaat von Büschelwurzlern wie Gräsern zur Krümelbildung, porenbildenden Tiefwurzlern und Stickstoff fixierenden Leguminosen sowie geschickter Lenkung des Unterwuchses oder dem Einsatz von Hofdüngern. Ziel ist ein humusreicher, krümeliger, poröser, tief durchwurzelter Boden. Dafür nutzen wir die in den folgenden Abschnitten beschriebenen Vorgänge.

ELASTISCHER BODEN MIT HUMUS UND KRÜMELN – DIE GUTE BODENGARE ENTSTEHT

Schwer verdauliche Faserstoffe werden von saprophythischen Pilzen besiedelt, teilweise verdaut und in stabilere Verbindungen umgebaut, die wir unter dem Namen »Humus« kennen. In einer Hektare Boden sollte 50 bis 100 t Humus vorhanden sein. Humus verbessert die Bodeneigenschaften enorm. Stabile Humusteilchen sind langkettige Moleküle mit vielen Zwischenräumen. Auf den Druck durch Befahren reagieren sie elastisch. Entsprechend ist ein Boden mit hohem Humusanteil sehr

porös, wodurch viel Luft, Wasser, Nährstoffe und Bodenlebewesen darin Platz finden und gespeichert werden. Mit Tonteilchen, Sand und Schluff verbinden sich die Humusteilchen zu sogenannten Ton-Humuskomplexen. Diese werden von den Lebewesen und den Feinstwurzeln mit Schleimstoffen zusammengeklebt. Es entstehen dadurch kleinste Bodenkügelchen. Diese haben eine Art klebrige Haut aus Humus und Schleim, haften daher locker aneinander und bleiben dank ihrer Schmierschicht doch beweglich. Diese durch die Arbeit aufgebaute Bodenstruktur nennen wir »Krümelgefüge«, der Vorgang hat den sinnvollen Fachausdruck »Lebendverbauung« des Bodens bekommen. Je mehr Bodenkrümel sich in einem Boden befinden, desto fruchtbarer ist er. Dieses Krümelgefüge ist reich an Poren, in welchen die Bodenlebewesen leben und Wurzelhärchen hineinwachsen können.

In diesem Zustand, »gute Bodengare« genannt, vermag er weniger wüchsige Perioden wie Trockenheit oder übermäßige Nässe viel besser auszugleichen. Die feinen Büschelwurzeln von Gräsern bauen am meisten Krümel auf. Krümelreiche, also elastische Böden sind im Rahmen der heutigen, mechanisierten Bewirtschaftung der Rebberge sehr wichtig, damit sie das Gewicht der Fahrzeuge bei den Durchfahrten abfedern können. Bildlich kann man sich die Eigenschaft dieser Krümel am Beispiel eines Kugellagers veranschaulichen: Die runden Kügelchen in einem Kugellager ermöglichen ja durch das Rollen jedes Kügelchens dessen gesamte Beweglichkeit und dank der Fettschicht haften die Kügelchen ein wenig aneinander, reiben sich aber nicht, sondern können sich alle ganz leicht in alle Richtungen drehen und bewegen. Durch aktives Lockern des Bodens und gezielte Ansaaten von rasch wurzelnden Pflanzen kann man diesen Prozess beschleu-

nigen. Zu diesem Zweck wird der Boden schonend im trockenen Zustand mit einem Gerät, beispielsweise mit der Spatenmaschine, bearbeitet. Krümeliger Boden zerfällt dabei an seinen natürlichen Oberflächen und liegt luftig für das neue Wachstum bereit. Er saugt viel Wasser auf und wird nicht weggeschwemmt. Ein solcher Boden riecht förmlich nach Wachstum, nämlich süßlich, wie frische Kartoffeln oder Karotten. Das kommt vom hohen Gehalt an langkettigen Kohlenhydraten, welche von den feinen Wurzeln und Bodenlebewesen stammen.

MYKORRHIZA-PILZE LÖSEN MINERAL-IONEN, ERSCHLIESSEN DEN BODEN UND VERNETZEN VERSCHIEDENE WURZELN

Diese speziellen Bodenpilze können in sehr hohem Maße unentbehrliche Mineralnährstoffe aus den festen Bodenteilen herauslösen, insbesondere den stark gebundenen Phosphor. Interessanterweise haben die Mykorrhiza-Pilze die Fähigkeit verloren, sich direkt von den im Boden vorhandenen, großen Kohlenhydraten zu ernähren, es fehlen ihnen dazu verschiedene Enzyme zu deren Veratmung. Diese großen Kohlenhydrate sind im Boden in Form von Wurzelausscheidungen, abgestorbenen Pflanzenresten oder toten Bodenlebewesen in großer Menge vorhanden. Sie bilden für die meisten anderen Bodenlebewesen die größte Energiequelle. Die Mykorrhiza-Pilze haben sich offenbar sehr stark spezialisiert und wachsen mit ihren Pilzfäden in die Pflanzenwurzeln hinein. Hier werden sie von der Pflanze mit deren Saft versorgt. Im Gegenzug liefern die Mykorrhiza-Pilze Mineralstoff-Ionen aus dem Boden in die Wurzel hinein. Etwa 90 % der Pflanzen sind für ihre Phosphorernährung aus Mineralien auf Mykorrhiza-Pilze angewiesen. Mykorrhiza-Pilze wachsen mit ihren Fäden aus den Wurzeln weit in den Boden hinaus und vergrößern sozusagen das Feinwurzelwerk der Pflanzen um viele Kilometer Länge. Dort lösen sie an immer neu erreichten Stellen gebundene Mineralstoffe, vor allem Phosphor, mittels Säuren heraus und transportieren diese in ihren Pilzfäden über weite Strecken in die Pflanzenwurzel hinein. Dies ist für Pflanzen offenbar so wesentlich, dass sie bis zu 20 % ihrer Fotosyntheseenergie an den Pilz weitergeben.

In unseren Böden leben viele verschiedene Mykorrhiza-Pilze. Manche Pflanzenarten haben sich auf wenige ihrer Stämme spezialisiert, andere werden von verschiedenen Mykorrhiza-Stämmen gleichzeitig besiedelt. Es gibt sogar Pilze, welche zugleich an verschiedenen Pflanzenarten andocken, so verbinden sie sozusagen verschiedene Pflanzenwurzeln untereinander mit feinen Pilzfäden als

Leitungssystem. Dies macht das Leben im Boden noch viel spannender. Dank moderner Untersuchungen können wir heute davon ausgehen, dass Nährstoff-Ionen wie Nitrat, Phosphat, Kalium oder auch organische Moleküle wie Aminosäuren, Zuckerstoffe usw. mithilfe von Pilzfäden zwischen den verschiedenen Pflanzen hin- und hertransportiert werden. Erforscht ist dies bei den Kleearten, den Leguminosen, die nicht nur von Mykorrhiza-Pilzen, sondern auch von Knöllchenbakterien besiedelt werden. Die Mykorrhiza-Fäden versorgen die Leguminosen mit Phosphor und transportieren umgekehrt überschüssigen Stickstoff zu den Wurzeln anderer Pflanzen, z.B. der Rebe, die sie gleichzeitig auch besiedeln. So können wir uns die Lebensprozesse im Boden als intensivstes Hin und Her von Stoffen vorstellen; fast wie in einer Großstadt, wo Millionen von Menschen dauernd in Bewegung sind, Material hin- und hertransportieren, sich bewegen, essen, atmen, kommunizieren, eben leben. Die Struktur der Stadt muss derart beschaffen sein, dass immer genügend lebenswichtige Stoffe in der richtigen Menge, an die richtigen Orte gebracht werden können, genauso auch in einem lebendigen Boden. Dank Wassertransport in den Pilzfäden aus tiefen Schichten sind Pflanzen trockenheitsresistenter. Außerdem verwittern die Mykorrhiza-Pilze das Muttergestein in der Tiefe.

SPEZIALISTEN FIXIEREN LUFTSTICKSTOFF: KNÖLLCHENBAKTERIEN UND LEGUMINOSEN ALS WUNDERBARE LEBENSGEMEINSCHAFT

Doch für das rasche Wachstum braucht die Pflanze nicht nur die im Boden aus den Mineralien stammenden Ionen von Phosphor, Kalium, Magnesium und Schwefel, um nur die wichtigsten zu nennen. Treibende Kraft des Wachstums ist der Stickstoff für den Aufbau der Eiweiße. Stickstoff ist in der Luft mit 78% Anteil als N_2-Gas reichlich vorhanden, aber für die Pflanze so nicht nutzbar. Doch es gibt Spezialisten unter den Bodenlebewesen, welche es sogar geschafft haben, direkt an die riesige Stickstoffquelle in der Luft heranzukommen. Im Boden leben verschiedene Bakterien, welche ihren Stoffwechsel so weit entwickelt haben, dass sie das aus der Bodenluft entnommene N_2 mit einem Enzym, der Nitrogenase, aufspalten können, vorerst zum Ammoniakgas (NH_3), und anschließend zu Ammoniumsalz-Ionen (NH_4+) zusammenbauen. Die für diese Biosynthese notwendigen Wasserstoff-Ionen entnehmen sie dem Bodenwasser. Dieser Vorgang benötigt Energie, sehr viel Energie sogar, da N_2 eine sehr starke Verbindung ist. Lebewesen entnehmen diese Energie entweder der Gärung oder der Atmung von Kohlenhydraten aus organischen Verbindungen, beispielsweise Wurzelresten. Diesen Stickstoff brauchen die Bodenbakterien zum Aufbau von Aminosäuren, aus denen wiederum die Körpereiweiße gebaut werden. Sterben die stickstofffixierenden Bakterien im Boden schließlich ab, so bleibt in ihrem Körper etwas Stickstoff für die anderen Bodenlebewesen und die Pflanzenwurzeln zurück. Leider sind nur sehr wenig freilebende Bakterien in der Lage, auf die beschriebene Weise Stickstoff aus der Bodenluft zu sammeln, sodass pro Hektare und Jahr nur ca. 1 bis 3 kg N freigesetzt werden. Diese Menge ist nicht einmal für ein sehr kärgliches Wachstum von anspruchslosen Magerwiesenpflanzen ausreichend.

Interessanterweise lebt im Boden jedoch noch eine weitere Gruppe von Bakterien, die bei der Fixierung von Stickstoff eine wichtige Rolle spielen: die sogenannten Rhizobien oder Knöllchenbakterien. Diese Bakterien können zwar einigermaßen frei leben und auch Kohlenhydrate im Boden für ihre Ernährung nutzen. Sie tragen auch das für die Aufspaltung des N_2-Gases nötige Enzym Nitrogenase in sich, können es aber nicht aktivieren, denn es würde bei der Atmung durch Sauerstoff zerstört. Wie löst die Natur diesen scheinbaren Widerspruch? Durch Partnerschaft mit gegenseitigem Nutzen, genannt Symbiose! Einige Kleepflanzen haben sich darauf eingelassen, mit den Rhizobien eng zusammenzuleben, und zwar zum gegenseitigen Nutzen. Kleepflanzen und Rhizobien leben mit anderen Worten also in einer Symbiose miteinander. Jede der an der Symbiose beteiligte Klee-Art scheidet einen spezifischen Lockstoff durch die Wurzeln aus, was den dazu passenden Rhizobien-Stamm dazu bewegt, sich mithilfe einer Art Schwanz zu den feinen Wurzelhaaren zu bewegen. Dort werden die stäbchenförmigen Bakterien an die Zellen der Wurzelhaarspitzen angeheftet, was durch Klebstoffe geschieht, die beide Partner ausscheiden. Das Bakterium verliert danach seinen Schwanz und scheidet stattdessen Boteneiweiße aus. Dadurch krümmt sich die Wurzelhaarspitze, vermehrt sich rasch; umhüllt schließlich das Bakterium und schützt es so vor der Umgebung. Dabei entsteht ein typisches Knöllchen.

Nun beginnen ganz erstaunliche Umwandlungen sowohl in der Pflanze als auch in den Rhizobien. Die Bakterien regen mit Signaleiweißen gewisse Gene der Kleepflanzen an, ebenso im Gegenzug die Kleepflanzen in den Rhizobien. Dadurch bauen die Kleepflanzen eine feine Schutzhaut um die Rhizobien, die im Gegenzug ihre ursprüngliche eigene Schutzschicht verlieren und sich in eine strahlenförmige Gestalt verändern. Das Rhizobium ist nun gar kein eigenständiges Wesen mehr, wir nennen es daher auch nicht mehr »Bakterium« sondern »Bakterioid«. Die Klee-

pflanze erzeugt nun einen speziellen roten Saft, das Leghämoglobin. Dieses ist nahe verwandt mit unserem Bluthämoglobin. Damit steuert die Kleepflanze die Aufnahme und den Transport des Sauerstoffes ganz gezielt zum Bakterioid und dessen Atmung. Durch diese mikroräumliche Trennung von Atmung und Stickstoffaufnahme wird verhindert, dass die Nitrogenase im Bakterioid zerstört wird, erlaubt dem Bakterioid aber, nun Stickstoff aus der Bodenluft zu binden. Für die Energiegewinnung mittels Atmung wird es von der Kleepflanze über den Saft der Wurzel mit energiereichen Kohlenhydraten versorgt. Diese hat die Pflanze in ihren grünen Teilen – insbesondere den Blättern – aus der sonnenlichtgelenkten Fotosynthese aufgebaut.

Die Knöllchenbakterien sind so fleißig, dass sie Stickstoff in Form von Ammonium an die Umgebung abgeben, wo es von anderen Wurzeln aufgenommen wird. Absterbende Pflanzenteile und Bodenlebewesen wiederum enthalten dann den Stickstoff in den organischen Teilen, den Eiweißen und Aminosäuren. Durch deren Zerlegung wird er wieder frei oder wird in den Humus eingelagert.

KLEINER REGENWURM, GROSSER BODENVERBESSERER

Lange bevor der Mensch den Boden bearbeitet und Grubber und Pflug erfand, grub schon der Regenwurm den Boden unermüdlich um. Es gibt verschiedene Regenwurmarten. Der gut sichtbare, 12–30 cm lange und etwa 2g schwere, »normale« Regenwurm, genannt Tauwurm (*Lumbricus terrestris*), gräbt große und vertikale Röhren weit in den Boden hinunter. Darum wird er auch »Tiefgräber« genannt, er baut seine Röhren, wenn der Untergrund nicht zu fest ist, mehrere Meter in die Tiefe. Dadurch erschließt er den anderen Lebewesen und den Wurzeln diesen noch praktisch unverwitterten Bodenhorizont bis zum harten Muttergestein. Seine Grabröhren sind auch für den Wassertransport sehr wichtig. Wenn in einem sehr lebendigen Boden über eine Million Regenwürmer pro Hektare leben und sie ihre Röhren bis 2 m tief graben, kann dieser Boden Regenereignisse von weit über 150 mm innert Stunden aufnehmen, ohne dass Erosion oder stehende Nässe entsteht. Der Regenwurm frisst sich seine Röhren mit seinen starken Mundwerkzeugen. Die so aufgenommene Feinerde durchquert dann seinen Darm, wird dabei mit Verdauungssäften, Schleimstoffen und organischen Resten vermischt und schließlich als charakteristische Häufchen in der Nacht wieder an der Oberfläche ausgeschieden. Die Wurmlosung, wie man seine Kothäuflein nennt, ist extrem widerstandsfähig gegen die Wucht der Regentropfen. Und das ist auch gut so, denn Regentropfen treffen mit 30 km/h auf den Boden, zersplittern dabei instabile Bodenteile, schleudern diese weg und begünstigen damit die Erosion. Weil der Regenwurmkot sehr widerstandsfähig gegen Regentropfen ist, reduziert er das Erosionsrisiko und die Poren werden weniger von Feinerde zugestopft.

Obwohl der Regenwurm beim Graben seiner Gänge viel Erde aufnimmt, bevorzugt er als Nahrung Algen und Bakterien sowie gut verdauliches organisches Material von der Oberfläche des Bodens. Faserreiche Stoffe, wie Stroh und Blätter, zieht er darum zuerst in die Röhren, wo die Mikroorganismen dieses vorverdauen, bis es für den Regenwurm verwertbar wird. Schnitt oder Walzen des Unterwuchses, oberflächlich eingebrachter Hofdünger oder Mulch-Material fördern seine Vermehrung ungemein. In guten, schön bewachsenen Wiesenböden mit vielen Pflanzenresten konnten schon an die 500 Regenwürmer pro Quadratmeter gezählt werden, also würden in so einem Falle in einer Hektare meines Rebberges 5 Millionen Regenwürmer leben! Es wurde berechnet, dass eine solche Population einen Boden in etwa zehn Jahren einmal bis auf 10 cm Tiefe vollständig umgraben kann.
In der Regenwurmlosung ist der Gehalt an Mineralien wie Stickstoff, Phosphor und Kalium 5–10 Mal höher und löslicher als in der übrigen Erde. Insbesondere das weit aus der Tiefe heraufbeförderte Material enthält die Mineralien, welche vielen Wurzeln und Bodenlebewesen nicht zugänglich wären. Zusätzlich erschließen sich diese tiefen Schichten dank der Regenwurmgänge den Tiefwurzlern, z.B. der Luzerne und den wurzelbegleitenden Lebewesen. Durch die Wurzeln befördern diese Pflanzen ebenfalls neu erschlossene Mineral-Ionen herauf; oben werden diese nach dem Absterben von Pflanzenresten verfügbar. So ist der Tauwurm ein sehr wichtiger Bodenbildner und fördert die Bodenfruchtbarkeit ungemein.
Neben dem Tauwurm leben im Boden bei uns 39 weitere Arten. Der Kleine Wiesenwurm *(Allolobophora caliginosa)* ist kleiner, schlanker und gräulich. Er gräbt in geringer Tiefe mehr horizontale Gänge, durchwühlt und lockert dabei aber den Boden intensiv. Es gibt auch Streuebewohner, z.B. den Rotwurm *(Lumbricus rubellus)*, welcher nahe der Oberfläche lebt und vor allem von abgestorbener organischer Substanz lebt. Sie alle bauen Poren für Wasser, Luft, Bakterien, Pilze und Wurzeln.

DIE POREN: LUNGE, MAGEN UND WASSERSPEICHER IM BODEN

Die Grobporen des Bodens sind für den raschen Wasserabfluss wichtig und werden vor allem von Tauwürmern gebildet. Aber auch abgestorbene Pfahlwurzeln sorgen dafür; beispielsweise jene des Ölrettichs, der den Boden bis weit in die Tiefe lockert. Dieses Wasser ist meist nach wenigen Tagen weggesickert und nicht mehr pflanzennutzbar. Die Mittelporen des Bodens entstehen durch die Tätigkeit der feinen Wurzeln sowie durch Bakterien und Pilze, insbesondere durch den Aufbau des Krümelgefüges. Das Wasser in den Mittelporen ist gut verfügbar für die Wurzeln und wird länger darin gespeichert, z.B. 5–10 Tage lang nach einem mittleren Regen. Die Wurzeln der Pflanzen dringen in diese Mittelporen ein und werden dort von vielen Bakterien und Pilzen umgeben. Diese ernähren sich von abgestorbenen Wurzelhautpartikeln und zuckerreichen Wurzelausscheidungen. Noch kleinere Poren nennen wir Feinporen. Leider können Wurzeln und Bodenlebewesen nicht in diese eindringen. Besonders in sehr tonhaltigen, dichten Böden gibt es viel Feinporen. Auch haftet das Wasser darin wegen seiner großen Oberflächenspannung derart stark, dass es nicht nutzbar ist.

Die Wasserspeicherfähigkeit hängt vorwiegend vom Anteil an Mittelporen im Boden ab. Der Winzer kann diese stark beeinflussen. Je lebendiger, krümeliger und intensiv vom Unterwuchs durchwurzelt sein gut begrünter Rebbergboden ist, desto mehr Mittelporen entstehen. Dies kann durch Bearbeitung und Ansaat von kräftig wurzelnden Pflanzen gefördert werden. Zudem darf der Boden nur sehr zurückhaltend, sorgsam, also nur in genug abgetrocknetem Zustand befahren werden. Als Faustregel wird der Anteil von Mittelporen in einem üblichen Rebberg mit durchwurzelbarer Gründigkeit bis etwa 1,5 m Tiefe, Steine abgerechnet, auf etwa 10 % geschätzt, also könnte dieser Boden etwa 150 mm Regen speichern. Dieses Wasser reicht dann für etwa 30 Tage mittelstarkes Pflanzenwachstum. In sehr gut strukturierten, also porösen Böden, kann das weit mehr als das Doppelte sein. Aber in zusammengefahrenen, harten Böden fließt erstens viel Wasser oberflächlich nutzlos weg und zweitens kann dieser verdichtete, sozusagen tote Boden, fast kein Wasser mehr speichern. Stellen Sie sich die enorme Saugfähigkeit eines porösen Schwammes im Vergleich zu einem dichten Hartholz vor!

11 BODENFRUCHTBARKEIT FÖRDERN STATT DÜNGEN

Die Intensivierung des Pflanzenschutzes bringt die Winzer oft in Zwangssituationen. Die Fruchtbarkeit des Bodens wird durch häufiges Befahren besonders nach Regen und durch den Eintrag der Spritzmittel beeinträchtigt. Im vorhergehenden Kapitel wurden die Grundlagen der Bodenfruchtbarkeit dargestellt und erläutert, wie die Wachstumskräfte und das Herauslösen der mineralischen Nährstoffe aus dem Boden angeregt werden können. Im Folgenden wenden wir uns nun der Frage zu, wie sich die Pflanze ernährt, welche Funktionen die im Boden vorhandenen Mineral-Ionen haben, wie sie aus dem Boden herausgelöst werden und wie wir diese Vorgänge bei der Pflege des biologischen Rebberg-Bodens steigern können.

DIE ZARTEN WURZELHAARE NEHMEN WASSER UND MINERAL-IONEN AUF

Wie kann aus den feinen Würzelchen einer neu gepflanzten Rebe mit den Jahren eine große kräftige Rebe heranwachsen? Wir erinnern uns: Die feinen Würzelchen werden zunächst mit Reservestoffen in Form von Kohlenhydraten oder Traubenzucker aus dem Stämmchen versorgt, später dann aus der Fotosynthese der herangewachsenen, grünen Blätter. Die Würzelchen zerlegen den assimilierten Zucker ($C_6H_{12}O_6$) mit ihrer Atmung zu Kohlendioxid (CO_2) und zu den Ionen H^+ und OH^-. Die chemisch gespeicherte Sonnenenergie wird dadurch für das Wachstum nutzbar. So werden an den Wurzelspitzen neue Zellen und dahinter feinste Wurzelhaare gebildet, die sich strecken und in die Poren des Erdreichs eindringen, um Wasser und mineralische Nährstoffe aufzunehmen. Viele mineralische Bodennährstoffe sind durch das Bodenwasser recht gut lösbar, beispielsweise Nitrat, Kalium, Magnesium und Eisen. Andere sind als geladene Teilchen, sogenannte Ionen, an der feinen Oberfläche der Bodenteilchen stärker gebunden, beispielsweise Ammonium und Phosphor. Die Rebe zieht die gelösten Nährstoffe mit wenig Aufwand aus dem Bodenwasser. Die mit ihrer Ladung an die Bodenteilchen gebundenen Nährstoff-Ionen muss sie hingegen mit größerem Energieaufwand aktiv von den Bodenteilchen ablösen. Sie muss positiv geladene H- Ionen und negativ geladene OH-Ionen aus dem Wurzelhaar in den Boden ausscheiden, womit sie gleichartig geladene Nährstoff-Ionen, beispielsweise positiv geladene Ammonium-Ionen oder Phosphor-Ionen, an den Oberflächen der Bodenteilchen austauscht und sie in den Pflanzensaft aufnimmt.

WURZELWACHSTUM, MINERAL-IONEN-AUFNAHME, FOTOSYNTHESE, ATMUNG UND BODENLEBEN SIND AUFEINANDER ABGESTIMMT

Der Boden von Biobauern ist kein durch Düngung mit Nährstoffen überfluteter Selbstbedienungsladen. Ein großer Teil der Nährstoffe ist an die Bodenteilchen gebunden oder in die organische Substanz von Pflanze und Lebewesen eingebaut. Nur wenige Nährstoffe sind im Bodenwasser gelöst. Dies hat den Vorteil, dass die Nährstoffe in einem Bioboden bei einem starken Regen nicht einfach ausgeschwemmt werden. Wie aber spielen sich die Lösungsvorgänge in bedarfsreichen Zeiten ab, beispielsweise dann, wenn für das rasche Wachstum der Rebschosse sofort und intensiv Nährstoffe gebraucht werden? Hinter der Wurzelspitze, welche in die Erde vordringt, wachsen die Haarwürzelchen. Sie leben zwar nur kurz, dafür wachsen aber auch immer wieder neue nach und nehmen so die pflanzenverfügbaren Nährstoffe der Bodenteilchen auf, die durch das Längenwachstum der Wurzel neu erschlossen werden. Es ist also das kontinuierliche Wachstum der Wurzelspitze, welche die permanente Versorgung mit Nährstoffen sicherstellt. Wenn nun in kurzer Zeit wegen des raschen Wachstums der Rebschosse und jungen Trauben große Nährstoffmengen verfügbar sein müssen, muss der Bioboden sehr locker sein und somit voller Luft- und Wasserporen, gut strukturiert, krümelig und humos. Nur so kann das Wurzelwachstum mit dem raschen Sprosswachstum mithalten.

Die Hauptnährstoffe für die Pflanze sind Stickstoff, Phosphor, Kalium, Magnesium, Schwefel und Kalzium. Hinzu kommen Spurenelemente wie Eisen, Kupfer, Mangan, Bor, Silizium, Aluminium, Natrium und weitere mehr. Außer Stickstoff entstammen sie alle der mineralischen Bodensubstanz. Stickstoff hingegen liegt als Gas in der Atmosphäre vor. Die Pflanze vollbringt das Wunderwerk, diese mineralischen Nährstoffe zusammen mit Wasser und den gasförmigen Elementen aus der Luft dank Sonnenlicht durch die Fotosynthese in organische Verbindungen umzubauen. Wie wir im Kapitel über das Rebenwachstum gesehen haben, liefert das Licht in den Sonnenstrahlen den grünen Teilchen der Pflanze die nötige Energie, um mit Kohlendioxid aus der Luft, dem Wasser und den Mineral-Ionen aus dem Boden die nötigen organischen Verbindungen für ihren Körper, d.h. die Blätter, Stängel, Stamm und insbesondere eine wüchsige Wurzel und weitere Organe aufzubauen. Sterben später Sprossteile ab und fallen zu Boden, so können die organischen Teilchen durch die Bodenlebewesen wieder abgebaut werden. Dabei werden sie gefressen und verdaut, bis die mineralischen Ionen in ihren Ausscheidungen oder nach ihrem Absterben auch wieder als Pflanzennährstoffe freigelegt sind. Bei diesem

»Fressen und Gefressen werden« wird die in den organischen Teilchen gespeicherte Sonnenenergie mit der Veratmung wieder frei für das Wachstum der Bodenlebewesen. Diese unentbehrliche Leistung der Bodenlebewesen und der Wurzeln werden im biodynamischen Landbau bewusst unterstützt. Wir wenden das sogenannte Hornmistpräparat im Frühling an, womit den Bodenkräften das Signal übermittelt wird, dass sie nun aktiv werden sollen.

STICKSTOFF AUS DER LUFT WIRD DURCH KNÖLLCHENBAKTERIEN AN LEGUMINOSEN-WURZELN ALS AMMONIUM FIXIERT, DANN IN ORGANISCHER FORM EINGEBAUT ODER WEITER ZU NITRAT UMGEWANDELT

Stickstoff, abgekürzt N, ist der wichtigste Nährstoff; er liegt in der Natur meist in der Form von atmosphärischem Gas, N_2, vor. Der Stickstoff konstituiert mit rund 78 % den größten Teil der Luft, danach folgt Sauerstoff mit rund 21 %, das restliche eine Prozent verteilt sich auf andere Gase. Durch die Tätigkeit der Knöllchenbakterien an den Leguminosenwurzeln wird das N_2-Gas gespalten und Ammonium hergestellt, welches sofort in eine organische Form umgebaut wird. Stickstoff ist Hauptbestandteil der Aminosäuren, welche die Bausteine der Eiweiße sind. Diese enthalten 16 % N. Somit ist Stickstoff zentral für den Aufbau der Körpersubstanz aller Lebewesen dieser Erde. Wir bezeichnen Stickstoff auch als Motor des Wachstums.

Die Knöllchenbakterien geben das Ammonium einerseits an die Leguminosenwurzel weiter. Diese entgiftet es sozusagen durch Umwandlung in eine organische Form. Anderseits sind die Knöllchenbakterien derart fleißig, besonders, wenn die Leguminose sie dank üppigen Wachstums an der Sonne mit großer Menge an Kohlenhydraten versorgt, dass sie viel Ammonium-Ionen in den Boden abgeben. Dieses bindet sich dank positiver Ladung gut an kleinste Bodenteilchen, insbesondere an den riesigen Oberflächen der kleinen Bodenkrümel. So ist es kurzfristig vor Auswaschung geschützt. Hier können nun die feinen Wurzelhaare der Rebe diese Ionen aufnehmen, indem sie H+-Ionen abgeben, also gegen positiv geladene Ammonium-Ionen austauschen. Dieser Tausch benötigt jedoch Energie. Die Wurzel bezieht diese aus der Veratmung der zuckerreichen Produkte der Fotosynthese, welche von den grünen, oberirdischen Pflanzenteilen geliefert werden. Im Boden leben in großer Zahl auch Bakterien (Nitrosomonas sp.), die das etwas schwerfälligere Ammonium-Ion bei genügend Bodenwärme, angemessener Feuchtigkeit und genügend Bodenluft rasch in Nitrit umwandeln. Darauf folgen die Nitrobacter, die das Nitrit in negativ geladene Nitrat-Ionen (NO_3-) umwandeln. Diese sind direkt wasserlöslich und können von den Pflanzenwurzeln sehr leicht aufgenommen werden.

Hier sehen wir eines der Hauptargumente, weshalb wir im Biolandbau keine rasch löslichen, künstlich synthetisierten Stickstoffdünger verwenden: Hofdünger enthalten nebst etwas Ammonium recht viel in die organischen Pflanzenteile eingebundenen Stickstoff. Diese organischen Teile müssen vorerst von den Lebewesen gefressen, verdaut und ausgeschieden werden. Hauptaktivisten sind dabei die

eiweißreichen Bakterien. Sie werden wiederum von Nematoden gefressen, die das Eiweiß der Bakterien verdauen und dabei überschüssiges Ammonium ausscheiden. Dieses wird vorerst an Bodenteilchen gebunden und ist dort vor Auswaschung geschützt. Stimmen die Bedingungen fürs Wachstum (Sonnenlicht, Wärme, Luft, Wasser, Nährmineralien, Kohlenstoffverbindungen), vermehren sich die nitrifizierenden Bakterien rasant und wandeln dabei Ammonium in Nitrat um. Dieses wird sogleich von den Pflanzenwurzeln aufgenommen und kurbelt deren Wachstum an. Allerdings besteht die Gefahr, dass Nitrat bei einem schweren Regen ins Grundwasser ausgewaschen wird. Im Biolandbau streben wir deshalb ein gutes Gleichgewicht zwischen Pflanzenwachstum einerseits, also Nährstoffaufnahme der Wurzeln, und Nährstofffreisetzung anderseits durch die Bodenlebewesen an. Geht ein Biobauer mit seinen Hofdüngern sorgsam um, läuft das alles harmonisch im Einklang mit den natürlichen Wachstumsgegebenheiten ab. Dies geschieht ohne Risiko für die Umwelt und führt zu einer ausgewogenen Pflanzenernährung mit entsprechend hoher Qualität der pflanzlichen Produkte.

WIE KANN DER BIOWINZER DIE STICKSTOFFFIXIERUNG DER KLEEPFLANZEN FÜR DIE REBEN NUTZEN?

Die Symbiose der Knöllchenbakterien mit den Leguminosen ist effizient: Sie führt dazu, dass pro Hektar und Jahr durchschnittlich 100 bis 200 kg Stickstoff aus der Bodenluft für die Pflanzen verfügbar gemacht werden können. Bei Symbiosen mit anderen Leguminosen, etwa der Ackerbohne, wurden auch schon 400 kg Stickstoff pro Hektare und Jahr gemessen. Zu den Leguminosen gehören neben Kleearten auch Bohnen, Erbsen, Wicken und viele weitere, sogar Bäume wie die Falsche Akazie. Es ist also letztlich den Knöllchenbakterien zu verdanken, dass üppiges Pflanzenwachstum in unseren Breiten möglich ist. Gemäß Versuchen von Agroscope kann in einer Wiese mit rund 3 kg N pro 100 kg Leguminosen-Trockensubstanz gerechnet werden. Ein schöner Wiesenunterwuchs im Rebberg ist aus etwa 50 % Gräsern, 20 % Kräutern und 30 % Leguminosen (zum Beispiel Weißklee, Rotklee oder Luzerne) zusammengesetzt. Diese erzeugen in unserem Gebiet, wenn es nicht allzu trocken wird, etwa 100 dt (dt = Dezitonnen = 10 000 kg) Ertrag an Trockensubstanz (TS) pro Hektare und Jahr. 30 % von diesem Ertrag, also 30 dt Trockensubstanz, ist wie gesagt Klee. Pro dt Trockensubstanz sammelt dieser Klee mit seinen Rhizobien 3 kg Stickstoff aus der Bodenluft. Das ergibt folglich pro Hektare die beachtliche Menge von 90 kg Stickstoff. Der jährliche Stickstoffbedarf der Reben auf dieser Hektare liegt bei 50 kg. Wir schätzen, dass in einem lebendigen Boden etwa die Hälfte dieses fixierten Kleestickstoffes langfristig in Humusverbindungen eingelagert wird und über Jahre wieder herausgelöst wird. Doch selbst dann ist für die Rebe mit etwa 45 kg schnell verfügbarem Stickstoff pro Hektare und Jahr aus der Fixierung der Leguminosen noch genug vorhanden.

DIE PFLEGE DES UNTERWUCHSES STEUERT DIE BOTANISCHE ZUSAMMENSETZUNG UND LENKT DEN STICKSTOFF ZUR REBE

Wie gelangt nun der von den Knöllchenbakterien fixierte Stickstoff zu den Pflanzen? Die Leguminose ist direkt mit dem Saftstrom an die Ammoniumquelle der Bakterien in ihren Wurzelknöllchen angeschlossen. Wenn genug Sonnenlicht, Wärme, Wasser und Mineralnährstoffe verfügbar sind, wächst die Leguminose üppig und liefert ihren Knöllchenbakterien viel Energie. Diese stellen Ammonium im Überfluss her und geben diesen sogar aus der Leguminosenwurzel heraus an die Umgebung in den Boden ab. Die Wurzeln der Gräser und Kräuter merken dies und wachsen rasch in die entsprechende Richtung, um sich ihre Portion Stickstoff zu holen. Bei einem sorgfältigen Spatenstich kann man sehen, wie Graswürzelchen die Leguminosenknöllchen »umgarnen«.

Von Mai bis Juli ist der Stickstoffbedarf der Rebe aufgrund ihres raschen Wachstums am größten. Der Winzer kann in dieser Zeit den Stickstofffluss im Rebberg lenken: Wenn er den Unterwuchs als junges Material schon früh schneidet, liegt danach auch viel schneller zerlegbarer Stickstoff in der abgestorbenen Pflanzenmasse in Form von Eiweißen und Aminosäuren auf dem Boden. Dieser wird bei aktiven Böden rasch pflanzenverfügbar, also von Bakterien, Nematoden und Pilzen zu Ammonium und von nitrifizierenden Bakterien in wasserlösliches Nitrat umgewandelt. Mit Regen und Pilzfäden gelangt es dann zu den Rebwurzeln und kann von den Reben aufgenommen werden. So kann der Winzer mit gezieltem Schneiden des Unterwuchses das Rebenwachstum fördern. Er beeinflusst damit aber auch die botanische Zusammensetzung des Unterwuchses und die Humusbildung. Das häufige Schneiden des Unterwuchses fördert ausläuferbildende Gräser wie das Englische Raigras und die Wiesenrispe, bei den Kräutern sind es Arten wie der Kriechende Hahnenfuß, bei den Leguminosen der lichtbedürftige Weißklee. Wird der Unterwuchs hingegen lange stehen gelassen, profitieren davon hochwachsende Pflanzen, wie Knaulgras, Löwenzahn, Luzerne oder Rotklee. Durch den späten Schnitt und die Verholzung des Unterwuchses wird der Stickstoff stärker in die Fasern eingebunden und kann nach dem Schnitt von den Bodenbakterien nur noch relativ langsam freigesetzt werden. Ein Teil der Fasern wird zu Humusstoffen umgewandelt und darin ist Stickstoff für spätere Zeiten konserviert.

VIELFÄLTIGE BEGRÜNUNG ANSÄEN UND DAS REBWACHSTUM ANREGEN

Wir säen im Jungrebenfeld nicht nur Leguminosen, sondern teilweise auch spezielle Kräuter an. Auf Grassamen können wir hingegen verzichten; davon hat es von früher noch genug im Boden. Im ersten Jahr gedeihen fast nur Leguminosen. Wir haben dabei sehr gute Erfahrungen mit Luzerne gemacht. Durch die Konkurrenz der wachstumsfreudigen Gräser und Kräuter gehen normalerweise über die Jahre die Leguminosen im Rebberg zurück. Dann werden mehr und mehr die Gräser im Unterwuchs dominant, teilweise aber auch der Löwenzahn. Nach einigen Jahren hat es im Unterwuchs nur noch 10–30 % Leguminosen. Sie können sich halten, weil sie mächtige Stöcke und tiefe Wurzeln ausgebildet haben. Die Ausdauer der Luzerne kann durch hohen und extensiven Schnitt oder noch viel mehr durch Walzen gefördert werden. Die Knospen an der Basis der Stängel werden dadurch geschont und treiben rasch aus. Auf kieshaltigeren Stellen in meinem Rebberg ist die Luzerne dank ihrer meterlangen Pfahlwurzel gegenüber den Gräsern bevorteilt, weil sie in trockenen Sommerphasen noch zu Wasser und Mineralstoffen in der Tiefe kommt. In nährstoffreichen Böden und bei guter Wasserversorgung nehmen hingegen die Gräser überhand. Dann muss mit einer neuen Ansaat von Leguminosen die botanische Zusammensetzung des Unterwuchses wieder in Richtung einer hohen Stickstofffixierung gelenkt werden. Versuche am Forschungsinstitut für biologischen Landbau in Frick haben dies eindrücklich gezeigt. Mit der Neuansaat von Luzerne wurde ein Mehrertrag an Trauben von etwa 20% gegenüber dem bestehenden Unterwuchs festgestellt, dies bei gleichzeitig höheren Oechslegraden! Die Reben konnten ganz einfach besser wachsen in der Variante mit Luzernebegrünung.

BODEN IN DEN FAHRGASSEN UND UNTER DEN REBREIHEN SCHONEND BEARBEITEN

Damit wir wieder Leguminosen säen können, muss der Boden für die Herstellung eines Saatbetts zuerst gelockert werden. Grundsätzlich ist jedes Gerät zur Bodenbearbeitung eine Gefahr für die gute Struktur des Bodens; am gefährlichsten sind die zapfwellenbetriebenen, schneidenden Geräte mit schnell rotierenden Werkzeugen. Sie können die von den Bodenlebewesen aufgebauten Krümel zertrümmern, zermahlen, zerquetschen und völlig verschmieren. Zurück bleibt dann nur noch ein erosionsgefährdeter, strukturloser Boden. Beim nächsten schweren Regen wird er weggeschwemmt oder sackt zu undurchdringlichen Schichten zusammen. Dabei werden die Poren durch eingeschlämmte Feinpartikel verstopft. Wir sprechen dann von »innerer Erosion« oder »Verschlämmung«. Darin sterben die Regenwürmer ab, die Bodenlebewesen ersticken aufgrund von Luftmangel, verdursten wegen Wassermangel und die Wurzeln können nicht in den Boden hineinwachsen, Nährstoffe sind keine mehr zugänglich. Um diese Problematik zu verhindern, setzen wir die schonende Spatenmaschine ein. Ihre spatenförmigen Werkzeuge stechen den Boden ab und werfen den Spatenstich nach hinten. Sie muss langsam rotierend eingesetzt werden, damit der Boden nicht zertrümmert wird, und mit zügiger Fahrweise bleibt der Boden noch locker und krümelig liegen, sodass wir anschließend Luzerne säen können.

Für die Bodenbearbeitung unter den Stöcken haben wir zwei Geräte im Einsatz. Die Unterstockflachschar ist für eine flache und schwache Bearbeitung unter dem Stock sehr geeignet. Der Bewuchs wird damit unterfahren, ein wenig angehoben und stirbt in der Folge teilweise ab. Dadurch werden die darin enthaltenen Nährstoffe durch die Bodenlebewesen freigesetzt und gelangen mit dem Regen zu den Rebwurzeln. Bald wachsen aber Teile der Grasbüschel wieder weiter oder aus Samen gedeihen neue Pflanzen. Dies ist gut, wenn das Wachstum der Rebe nur wenig gefördert werden muss. Wenn aber Reben regelmäßig Mühe haben beim Austrieb, wie bei uns die Sorte 'Seyval Blanc', so setzen wir die seitlich parallel schiebbare Unterstockbodenfräse ein. Diese Maschine darf man wegen der Fräsmesser nur wenige Zentimeter tief arbeiten lassen, damit sie die Regenwürmer nicht schädigt. Sie hinterlässt einen gut durchgearbeiteten Boden, sogar schon kniehoch gewachsener Unterwuchs wird damit intensiv in den krümeligen Boden eingemischt und liegt ganz locker da. Dies ist nötig, damit viel Regenwasser aufgesaugt und viele Nährstoffe für die Rebe freigesetzt werden. So kann dann die Rebe zügig wachsen, weil unter den Stöcken für mehrere Wochen keine Konkurrenz durch den Unterwuchs besteht.

LUZERNE VORSICHTIG WEIDEN, WEIDETAUGLICHEN ROTKLEE WÄHLEN, WEISSKLEE HÄUFIG NUTZEN

Seit wir die Rebberg-Begrünung mit Tieren beweiden, müssen wir dies bei der Bodenbearbeitung und der Ansaat einplanen. Am besten ist es, zuerst die Neuansaat zu mulchen oder nur zu walzen und frühestens gegen Herbst zum ersten Mal zu weiden. Wer Luzerne sät, sollte sogar ein ganzes Jahr mit der Beweidung warten, damit die Luzerne genügend Zeit hat, einen kräftigen Stock auszubilden. Zudem soll die Luzerne stets nur ganz kurz beweidet werden, damit sie nicht zu tief auf die Stängelbasis abgefressen wird. Dort befinden sich die Austriebsknospen, zu tiefer Schnitt oder Verbiss schädigt sie.

Seit kurzem versuchen wir auch die Esparsette anzusäen. Bei dieser Pflanze wurden hohe Gehalte an Tanninen gefunden, welche gegen Magen-Darm-Parasiten bei Schafen wirken. Auch wird die Blüte der Esparsette gerne von Bläulingen, Postillons, Heufaltern, Bienen und Hummeln besucht. Allerdings stellt sie nach unseren ersten Erfahrungen viel höhere Ansprüche an ein sauberes und krümeliges Saatbeet als die Luzerne.

Auch Rotklee ist empfindlich auf Tritt und Verbiss durch die Weidetiere. Der Pflanzenzüchter Beat Boller von Agroscope hat allerdings das Kunststück fertiggebracht, niedrigwachsende und seitlich austreibende Rotkleetypen aus Juraweiden durch Kreuzung mit ertragreichen Zuchtsorten passgenau auf die Bedürfnisse im Biolandbau hin zu züchten. Diese Sorte – sie nennt sich 'Pastor' – fixiert viel Stickstoff, ist frohwüchsig und ertragreich, robust und kann beweidet werden. Weißklee hingegen ist problemlos weidefähig, denn er kriecht mit seinem Stängel am Boden entlang. Wer Weißklee sät, muss ihn aber recht häufig nutzen, denn sein bodennahes Wachstum erträgt keine Beschattung durch die hochwachsenden Gräser und Kräuter.

STREUE HILFT DEN JUNGREBEN

In Permakultur-Systemen wird das Bedecken des Bodens mit einer Schicht Pflanzenmaterial (z.B. Stroh, Heu oder Gras) praktiziert. Der Boden bleibt darunter feuchter, Regenwürmer werden aktiver und besonders junge Pflanzen wachsen besser. Um diese Technik auch einmal auszuprobieren, haben wir von einem Naturschutzgebiet Schilf und Streue bekommen und diese bei den jungen Reben und auf zu wenig aktive Böden unter den Stöcken als Band gestreut. Schon nach einigen Wochen beobachteten wir unter dieser Mulchschicht von Asseln, Tausendfüßlern und Regenwürmern zerkleinertes Material. Die Erde darunter hat während Monaten einen ausgeglichenen Wärme-, Luft- und Wasserhaushalt gehabt, was den Lebewesen und den Rebwurzeln zugutegekommen ist. Bei ganz schwierigen Bodenverhältnissen haben wir später die Mulchzugabe sogar flächendeckend in der ganzen Rebzeile eingesetzt. Es war faszinierend zu beobachten, wie viele Lebewesen sich ansiedelten und sich millionenfach vermehrten. Schon im Herbst war die Streuschicht weitgehend verdaut. Der Boden hingegen war poröser geworden, von der Bodenoberfläche her bildete sich eine humusreiche Krümelschicht.

STARKE UNTERLAGE FÜR BIOREBEN

Es gibt noch eine weitere Maßnahme, das Wachstum der Rebe zu beeinflussen, nämlich durch die Wahl der Unterlage. »Unterlage« nennt man das bewurzelte Holzteil, auf welches die gewünschte Sorte aufgepfropft wird. Es stehen gezüchtete Unterlagen mit ganz unterschiedlicher Wachstumsstärke für unterschiedliche Bodeneigenschaften und Standorte zur Verfügung. Persönlich bevorzuge ich die Unterlage 5BB, weil sie große und starke Wurzeln bildet. Das ist für die Verhältnisse auf meinem biologischen Rebberg von Vorteil, weil meine Reben gegenüber der Begrünung genug Konkurrenzkraft haben müssen. Bioreben müssen sich die Nährstoffe selber erschließen, ohne Fremddüngerzufuhr. In unseren eigenen Tests waren andere Unterlagen zu schwach, die Reben wuchsen darauf nicht stark genug.

PHOSPHOR AUS MINERALIEN – DER ENERGIEÜBERTRÄGER BEI FOTOSYNTHESE UND ATMUNG

Der Gehalt an Reinphosphor in den Mineralien ist in unseren Böden niedrig; er liegt bei etwa 2–4 t pro Hektare. Davon werden jährlich etwa 1%, also ca. 25 kg Phosphat (P_2O_5, Phosphoroxid), herausgelöst. Phosphat haftet mit seiner negativen Ladung stark an den Bodenteilchen, insbesondere, wenn genügend positiv geladenes Kalzium als Bindeelement vorhanden ist. Die Pflanze muss deshalb mit viel Energieaufwand negativ geladene HCO_3-Ionen, welche in der Atmung der Wurzel entstehen, in den Boden abgeben und damit an den Bindungsstellen der Bodenteilchen die Phosphor-Ionen aktiv austauschen und aufnehmen.

Bei der Fotosynthese bewirkt der Lichtstrahl mittels elektromagnetischer Anregung im Blattgrünkörperchen eine ganze Kettenreaktion von Elektonenübertragungen. Zentraler Aktivist für diese Energieübertragung ist dabei der Phosphor in Form von Adenosindiphospat (ADP) und Adenosintriphosphat (ATP). Mit dieser, sozusagen dem Lichtstrahl entnommenen elektromagnetischen Energie, wird es der Pflanze möglich, diese in chemische Energie umzuwandeln. Sie entnimmt über ihre Spaltöffnungen an der Blattunterseite aus der Luft Kohlenstoffdioxid (6 CO_2-Moleküle) und aus dem Boden das Wasser (12 H_2O-Moleküle). Diese baut sie zu Kohlenhydraten zusammen. Die Summenformel für den daraus entstehenden Traubenzucker lautet $C_6H_{12}O_6$ plus 6 Sauerstoff-Moleküle (O_2) plus 6 Wasser-Moleküle (H_2O). Der Traubenzucker wird dann zu den Orten des Energiebedarfes, z.B. dem wachsenden Gewebe, zu Blüten, Samen, Wurzel, Knöllchen oder Mykorrhiza-Pilzen transportiert. Bei der Atmung wird, vereinfacht dargestellt, Traubenzucker mittels dem der Luft entnommenen Sauerstoff wieder zu Kohlenstoffdioxid und Wasser zerlegt. Dabei wird die in der Fotosynthese gebundene Energie freigesetzt und kann für das Wachstum verwendet werden. Auch diese Kettenreaktion der Elektronenübertragung wird mithilfe von Phosphor in Form von ATP und ADP bewerkstelligt.

KALIUM, DAS WASSERELEMENT, AUS MINERALIEN WIE FELDSPAT UND GLIMMER

Der Gehalt der Mineralien Feldspat und Glimmer mit dem Hauptnährstoff Kalium ist in unseren Böden hingegen hoch; er liegt im Bereich von 40–60 t Reinkalium pro Hektare. Daraus werden jährlich zwar nur etwa 0,2 % verwittert, doch ergibt das ca. 110–140 kg Kaliumoxid (K_2O). Kalium ist als negativ geladenes Ion im Boden gut wasserlöslich und kann von der Pflanze einfach und mit wenig

Energieaufwand aufgenommen werden. Es kann genauso wie Phosphor gut durch die Mykorrhiza-Pilzfäden transportiert werden. Kalium ist das Element des Wassers: Es steuert den Wassergehalt in der Pflanze und die Zellstreckung. In großen Mengen ist Kalium vor allem im Blattwerk nötig, besonders bei krautigen Pflanzen und für große Speicherorgane, wie beispielsweise die Kartoffelknollen. Bei den Reben ist es zur guten Blattbildung, Beerenausbildung, Beerenreife, Zuckereinlagerung und Holzbildung essenziell.

MAGNESIUM, DER LICHTSAMMLER

Magnesium ist das zentrale Element der Blattgrünkörperchen. In Phasen großer Fotosyntheseleistungen und starkem Wachstum der grünen Pflanzenteile wird es dringend benötigt. Dies trifft ganz besonders für Leguminosen zu, wenn sie ihre Knöllchenbakterien und Mykorrhiza ernähren. Die Rebe wächst im Mai und Juni extrem schnell und muss entsprechend genügend Magnesium zur Verfügung haben. Magnesium haftet gut an Bodenteilchen, ist im Boden nicht so leicht verfügbar und im Muttergestein oft knapp vorhanden, weshalb es manchmal zu Mangelerscheinungen, der sogenannten Stiellähme, kommen kann. Dabei sterben ganze Traubenpartien ab, weil der Stiel aufgrund des Magnesium-Mangels eintrocknet.

SCHWEFEL, DER BRÜCKENBAUER

Der Bedarf an Schwefel wurde lange unterschätzt, weil früher mit den schwefelhaltigen Abgasen der Fahrzeuge im Regen den Böden automatisch etwa 40 kg Schwefel pro Hektar und Jahr zugeführt wurde. Schwefel stabilisiert die Form von großen Molekülen, besonders der Eiweiße, mit seinen Querverbindungen, auch »Schwefelbrücken« genannt. Man kann sich die Schwefelbrücken wie die Tritte einer Wendeltreppe vorstellen, welche das Geländer festhalten. In den stickstoffreichen Eiweißen ist Schwefel sehr wichtig, weil er die dreidimensionale Form dieser großen Moleküle stabilisiert.

Luzerne bleibt in schwefelarmen Böden gelb und wächst schwach, es sieht aus wie Stickstoffmangel. Das ist paradox, da sie in der Lage ist, den Stickstoff mithilfe der Rhizobien selber zu sammeln. Es kann ihr also nicht der Stickstoff fehlen! Das Problem ist vielmehr, dass ihr der Schwefel fehlt, um die Eiweiße aus dem Stickstoff zusammenzubauen. Wird hingegen Schwefel verabreicht, wird die Luzerne dunkelgrün und frohwüchsig.

SILIZIUM ERSCHAFFT STRUKTUR DER HÖCHSTEN GÜTE

Silizium ist in der Erdkruste allgegenwärtig und kommt auch in den Böden in Form von Kieselsäure vor. Silizium ist für die Faserstrukturen der Pflanzen wichtig: Die Halme der Gräser, die schmächtig gebaut und doch ganz lang und dicht stehend dem Wind und Wetter widerstehen müssen, haben entsprechend sehr hohe Kieselgehalte. Trotz der offensichtlichen Bedeutung wird dieses Mineral in der traditionellen Agronomie weitgehend ignoriert. Anders ist es im biologisch-dynamischen Landbau, wo vor allem der Einsatz des Hornkieselpräparates bekannt ist. Bildlich gesprochen wird durch die Ausbringung dieses Präparates auf den Feldern den Pflanzen ein Signal übermittelt. Die Pflanze soll dadurch befähigt werden, das Sonnenlicht besser aufzunehmen und intensiver Fotosynthese zu betreiben. Zudem soll sie mit diesem Impuls des Kieselpräparates (Silizium) mehr strukturgebendes Silizium aufnehmen, kräftigere Zellstrukturen herstellen und somit Lebensmittel von hoher Qualität erzeugen.

BRAUCHT EIN BIOREBBERG DÜNGERZUFUHR ODER ERNÄHRT EIN REICHER, AKTIVER BODEN DIE REBEN AUSREICHEND?

Etwas vereinfacht dargestellt, besagt die klassische Düngungstheorie, dass ein großer Teil der Nährstoffe, welche durch die Ernte vom Feld weggeführt werden, wieder in Form von Düngemitteln ersetzt werden müssen. In den einschlägigen Tabellen werden diese Werte als Düngungsnorm bezeichnet. Für einen guten Traubenertrag beziffert die klassische Düngungslehre den Bedarf für 1 Hektare Reben (auch »Düngungsnorm pro Hektare« genannt) an Stickstoff (N) mit 50 kg, an P_2O_5 (Phosphat, Phosphoroxid) mit 20 kg und an K_2O (Kaliumoxid) mit 75 kg. Wie wir gesehen haben, liefert ein Boden aus dem Humus vorsichtig beziffert etwa 20 kg Stickstoff, und aus der Stickstofffixierung der Knöllchenbakterien der Leguminosen ebenfalls zurückhaltend beziffert etwa 30 kg. Total ergibt dies 50 kg Stickstoff. Die Rebe hat aus den Kräften der Natur alleine also eigentlich eine hinreichende Stickstoffversorgung! Durch die Verwitterung der Phosphormineralien kann man vorsichtig beziffert mit etwa 25 kg P_2O_5 pro Hektare rechnen. Verglichen mit dem Bedarf, der Düngernorm von 20 kg, stellen wir auch hier fest: der Boden liefert, was die Rebe braucht! Aus Kaliummineralien wie Feldspat und Glimmer wiederum liefert der Boden vorsichtig beziffert etwa 110 kg K_2O aus der Verwitterung des Muttergesteins. Verglichen mit der Düngungsnorm pro Hektare Reben von 75 kg sind wir hier sogar im Überschuss!

Allerdings braucht die Rebe in der starken Wachstumszeit im Juni sehr schnell sehr viele Nährstoffe. Die Nachlieferung durch die Bodenlebewesen steigt zwar auch rasch an, jedenfalls dann, wenn genug Wärme und Wasser im Boden ist. In gut versorgten und lockeren, sehr aktiven Böden kann dann die Nachlieferung aus den weniger gut verfügbaren Mineralteilchen mit dem rasanten Wachstum der Reben in dieser Zeit einigermaßen Schritt halten. Bei schwachwüchsigen Reben kann zudem der Winzer mit Bodenbearbeitung, Hofdüngergaben und Neuansaat von bodenverbessernden Gründüngungspflanzen nachhelfen. Ist hingegen der Boden gemäß Bodenanalyse in einem anerkannten Labor von Natur aus arm an Phosphor oder Kalium, so kann es durchaus sein, dass die genannten Aktivierungen mit Mulchen, Bodenlockerung und Neuansaat tatsächlich zu langsam sind und die Nachlieferung der mineralischen Nährstoff-Ionen nicht ausreichend groß und schnell ist. Um dem vorzubeugen, darf der Biowinzer dieses ausgewiesene Manko mit Zukauf von Gesteinsmineralien, welche nicht künstlich behandelt wurden, ausgleichen, beispielsweise Rohphosphat oder Kaliumsulfat.

Es gibt viele Bioreben auf sehr guten Böden, welche über viele Jahre aus eigener Bodenkraft gute Erträge und Traubenqualität liefern. Dies gelingt sogar ohne Bodenbearbeitung, d.h. nur durch gezielte Lenkung der Begrünung. Sorgen wir also für eine hohe Aktivität der Bodenlebewesen mittels intensiver und tiefgründiger Durchwurzelung mit vielen verschiedenen Pflanzenarten! Schonen wir den Boden, befahren wir ihn nur in trockenem Zustand und nur mit leichten Maschinen, so selten wie nötig. Die resistenten Rebsorten ermöglichen dies!

12 WIE EIN MODERNER BIOBAUERNHOF FUNKTIONIERT

Im biologischen Landbau bemühen wir uns, die Naturzusammenhänge bestmöglich zu verstehen, uns nach deren Gesetzmäßigkeiten zu richten und unsere Betriebe entsprechend auszugestalten. Ein bisschen mit Wehmut könnte man sich also an die gute alte Zeit zurücksehnen, wo in der Landwirtschaft noch gar keine Hilfsstoffe eingesetzt wurden und jeder Bauernhof so organisiert war, dass er in seinen eigenen Kreisläufen fast unabhängig von der Außenwelt funktionieren konnte. Richtig daran ist, dass wir uns heute, auch im modernen Biolandbau, an diesem idealisierenden Bild orientieren, indem wir versuchen, den Menschen möglichst gut in die Naturabläufe einzugliedern. Unzutreffend ist das idealisierte Bild hingegen dann, wenn man daran denkt, dass in der »guten alten Zeit« die Bauern oft hilflos den Schaderregern gegenüberstanden oder mit wesentlich weniger technischen Möglichkeiten arbeiten mussten als wir es heute können. Bei der Unkrautbekämpfung bedeutete dies eine Unmenge an Handarbeit. In den 35 Jahren, die ich nun als Mitentwickler im biologischen Landbau überblicken kann, hat sich unglaublich viel auch innerhalb des biologischen Landbaues getan: Die Technik, die Wissenschaft und auch der Ideenreichtum und Tüftlergeist der Biobauern hat dazu geführt, dass wir mit hoher Effizienz die Kenntnisse der Naturzusammenhänge zugunsten einer hohen Produktivität mit guten und gesicherten Ernten umsetzen können. Im Folgenden möchte ich modellmäßig vereinfacht erklären, wie wichtige Prinzipien des biologischen Landbaus im Biohof umgesetzt werden.

IM GEMISCHTEN BIOBETRIEB ZIRKULIEREN DIE NÄHRSTOFFE IM WEITEN KREISLAUF

Im Idealbild eines gemischtwirtschaftlichen Biobetriebs treffen wir verschiedene Wiesen und vielfältige Ackerkulturen, meist auch Gemüsefelder, Obstgärten und Beerenkulturen sowie vieles mehr an. Des Weiteren leben auf einem solchen Hof Kühe, Schafe, Ziegen und vielleicht sogar Gänse, Hühner und Schweine. Im Heustock oder Silo lagert das Futter für den Winter und auf dem Miststock und in der Güllegrube werden die kostbaren Nährstoffe in den Hofdüngern gesammelt. Diese werden mit moderner Mechanisierung wieder auf die Felder ausgebracht, wo die Ackerkulturen angesät oder Gemüse angepflanzt wird. Auf einem gemischtwirtschaftlichen Biohof zirkulieren die Nährstoffe also in diesem großen Kreislauf.

Auf jedem Acker wird jedes Jahr eine andere Kultur angebaut, um Schaderreger und Unkräuter in Schach zu halten und den Boden immer wieder mit anderen Wurzeln zu durchwachsen und mit den kulturspezifisch unterschiedlichen Saatzeiten und Ernteterminen eine vielfältige Bewirtschaftung der Böden zu gewährleisten. Wir nennen diese bewusst gelenkte Abfolge der Ackerkulturen »Fruchtfolge«; sie fördert die Fruchtbarkeit unserer Böden. Ganz zentral ist in diesem Anbausystem die angesäte Wiese innerhalb der ackerbaulichen Nutzung der einzelnen Felder, wir nennen sie »Klee-Gras-Wiese«, weil eine Mischung von Klee, Gräsern und manchmal auch Kräutern angesät wird. Meist bleibt diese Wiese etwa drei Jahre auf diesem Ackerfeld. Dadurch kann sich der Boden von den Eingriffen der mechanischen Bodenbearbeitungsgeräte in den Vorjahren ungestört erholen. Auch Schaderreger und Unkräuter werden in dieser Zeit auf natürliche Weise reduziert. Die Kleepflanzen reichern den Boden mittels ihrer Knöllchenbakterien mit Stickstoff an, um die Wurzeln der Pflanzen entsteht Humus und die Bodenlebewesen haben Zeit, den Boden wieder krümelig und porös zu machen; die Mykorrhiza-Pilze wiederum lösen wichtige mineralische Nährstoffe aus den festen Bodenteilchen und bereiten damit den Boden vor, damit er einige Jahre später wieder kräftig genug ist, um eine neue Ackerkultur zu tragen.

Das Futter einer Hektare Klee-Gras-Wiese ernährt ungefähr zwei Kühe. Diese für uns Menschen absolut unverdaulichen Pflanzen, wir nennen es auch »Raufutter«, wird von den Nutztieren geweidet oder als Silage oder Heu für den Winter konserviert. Die Raufutterverzehrer sind dank ihrer Bakterien in ihren speziellen Mägen in der Lage, dieses Grünzeug hochwertig zu verdauen und dabei wertvolle Lebensmittel wie z.B. Milch herzustellen. Was die Kühe vom Raufutter in der Krippe zurücklassen oder was bei der Ernte von Getreide als herausgeputzte, kleine, unsaubere Samen und Unkrautsamen übrig bleibt oder als verkrümmte Karotten oder unförmige Kartoffeln nicht verkäuflich ist, fressen beispielsweise die Hühner oder Schweine auf dem Hof. Auch hier ist eindeutig der betriebsinterne Kreislauf der Nährstoffe sichtbar.

Mit der verkauften Milch und dem Fleisch verlassen lediglich etwa 10 % der Nährstoffe den Betrieb. Dieser Verlust kann im Prinzip durch die Leguminosen, Knöllchenbakterien, Mykorrhiza-Pilze und die weiteren Helfer unten den Bodenlebewesen kompensiert werden. Allerdings werden auf den Ackerflächen meist Kulturen wie Karotten, Kartoffeln, Bohnen, Erbsen, Getreide usw. als Lebensmittel für die Menschen angebaut. Deren Ernte mit den enthaltenen Nährstoffen verlässt den Hof, womit ihm zusätzlich Nährstoffe entzogen werden. Doch im Raufutter aus den angesäten Kleegraswiesen steckt ja dank der Freisetzung durch Mykorrhizapilze viel Phosphor, Kalium usw. und dank Stickstofffixierung der Knöllchenbakterien im Klee viel Eiweiß und damit auch eine große Menge aus der Bodenluft gesammelter Stickstoff. Daraus entsteht im Stall Hofdünger, den der geschickte Biobauer nun eben nicht mehr auf die Kleegraswiese zurückbringt, sondern gezielt den nährstoffbedürftigen Ackerkulturen zuführt. Der Kreislauf der Nährstoffe wird entsprechend auch hier wieder sichtbar. Die alten Biobauern sagten: »Die Kleegraswiese ist die Mutter des Ackers«.

13 MIT VIELFÄLTIGEN REBBERGEN UND WEIDETIEREN EIN LEBENDIGES BIOWEINGUT ENTWICKELN

BIOWEINBAUBETRIEB MIT KURZEM KREISLAUF

Ein Bioweinbaubetrieb ist recht einseitig ausgerichtet, aber mit den Trauben verlassen nur sehr wenige Nährstoffe den Rebberg. Der Unterwuchs wird geschnitten und bleibt auf dem Boden, das Reblaub fällt im Herbst zu Boden und das Schnittholz wird im Rebberg gehäckselt. Wir ernten nur die Trauben, womit dem Boden wenig Nährstoffe, nämlich pro Hektare etwa 20–30 kg Stickstoff, etwa 20 kg Phosphat und etwas 75 kg Kaliumoxid entzogen werden. Wie im letzten Kapitel erläutert, kann ein vitaler Boden diese Menge aus eigener Kraft nachliefern. Beim selbstkelternden Weinbaubetrieb werden zudem auch die Traubenstiele und nach dem Pressen die Beerenhäute wieder in den Rebberg zurückgeführt. Wenn diese vorher noch kompostiert werden, bringen wir nebst den Nährstoffen auch hochwertige Humusstoffe zurück in den Rebberg. Dennoch ist so ein Bioweinbaubetrieb nicht so belebt wie ein Bauernhof mit Tieren.

VOM WESEN DER TIERE

Auf dem Hof meiner Eltern wuchs ich mit Tieren auf, und auch auf allen benachbarten Höfen gab es solche. Mein Vater war ein guter Milchviehhalter und leidenschaftlicher Pferdezüchter und erledigte noch viele Arbeiten mit den Pferden. Ich wuchs gerade noch mit Pferden auf, obwohl der Traktor bereits auf unserem Hof angekommen war. Für unwegsame Weiden hielten wir eine kleine Schafherde. Die verschiedenen Nebenprodukte aus Acker und Haushalt, wie aussortierte Kartoffeln, krumme Karotten oder Getreideabfall fraßen ein paar Schweine, Hühner und Gänse. Alles aus der Natur fand haushälterisch auf einer nächsten Stufe der Tierhaltung nochmals seine Verwertung. Abfälle kannten wir nicht. Nahrung wurde nicht weggeworfen. Wir halfen bei Geburten von Ferkeln oder beim Kalben der Kühe, sahen das Schlüpfen von Küken, Gösseln, und die schlaksigen Gehversuche neu geborener Fohlen, hörten das Blöken der frischen Lämmlein. Ganz alltäglich erlebten wir die Wunder des Lebens.

Viele Jahre haben wir unseren Bioweinbaubetrieb neben meiner Tätigkeit als Bioberater und Biopflanzenbaulehrer aus einzelnen Parzellen schrittweise aufgebaut. Zwar existieren in unseren Rebbergen eine reiche Pflanzenvielfalt und natürliche Tierwelt, doch eine Nutztierhaltung, so harmonisch, wie ich sie aus meiner Kindheit kannte, war einfach nicht möglich. Mit dem Kauf des Weinbaubetriebes auf dem Stammerberg ergab sich aber eine neue Chance: Die Liebe zu den Bauernhoftieren erwachte wieder. Wir suchten nach Tieren, welche unter dem Bindedraht von 1,4 m Höhe durchgehen könnten und die vielfältige Begrünung schonend weiden würden. Robust und anspruchslos sollten diese Tiere sein, damit sie das ganze Jahr naturnah und wesensgerecht draußen, also im Rebberg, gehalten werden könnten und vom Futter unter den Rebstöcken leben würden. Auf der Suche nach passenden Tieren machten wir uns den Umstand zunutze, dass es in Europa Gegenden gibt, wo die Menschen in der Kargheit der Natur sehr robuste und kleine Nutztiere selektioniert haben. Beispielsweise überlebten auf der mager bewachsenen, sturmreichen französischen Insel Ouessant vor der bretonischen Küste nur Schafe, die extrem robust, genügsam und mit etwa 40 cm sehr klein sind: das sogenannte Ouessant-Schaf. Auf den ebenfalls sturmreichen und sehr kargen schottischen Shetland Inseln im Nordatlantik selektionierte sich das Mini-Shetland-Pony heraus. Es hat eine Widerristhöhe von weniger als einem Meter, ist extrem leichtfüßig, robust, ein genügsamer Raufutterfresser und wurde als Tragtier verwendet.

MINI-SHETLAND-PONYS IM WINTER IM REBBERG UND MÄUSEJÄGER

Die Liebe zu den Pferden erwachte wieder, als wir per Zufall auf diese kleinen Pferdchen stießen. Sofort erkannte ich ihre Eignung als Weidetiere und zum Nutzbarmachen von einigen total vergammelten Weideflächen. Das Maul dieser Pferdchen ist klein, mit ihrem scharfen Gebiss zwacken sie sogar die jungen Triebe der wuchernden Dornen auf ein paar großen Flächen von zu lange nicht mehr bewirtschafteten Wiesen ab. Dieses Beweiden fördert die Gräser, welche den Boden rasch bedecken und wir auf unserem Rebberg gerne sehen. Im Herbst zäunen wir die Reben ein und bringen einen fahrbaren Unterstand in den Rebberg. Wir halten die Tiere wie in ihrer ursprünglichen Heimat, nämlich Tag und Nacht draußen. Auch bei Schnee bevorzugen sie die Grasbüschel um die Reben und lassen das Heu im Unterstand liegen. Die Ponys werden erst in eine Parzelle gelassen, wenn das Futter 4–8 Wochen alt ist, also die Grashalme zwischen den grünen Büscheln bereits dürr sind. Wir können gut beobachten, wie sie von beidem fressen.

Solches Altgras ist voller Fasern und enthält wenig Eiweiß und Zuckerstoffe. Das ist sehr gut für die Verdauung der Ponys. Sie beißen auch die Blütenknospen und Blätter von Disteln ab oder knabbern bei alten Brennnesseln die Samen oben weg. Auch Goldrute und Berufkraut, zwei gefürchtete Neophyten, fressen sie teilweise, den Rest dieser lästigen Pflanzen müssen wir jedoch nach wie vor von Hand von der Weide entfernen, damit sie sich nicht weiter ausbreiten können.

Die Mini-Shettys sind so klein, dass sie unter den Rebzeilen weiden können. Dort trampeln sie die Mausgänge mit ihren kleinen Hufen frei oder stampfen diese ein. Es wundert daher nicht, dass der Mäusebussard gerne neben den Ponys auf einem Rebpfahl sitzt und auf Mausbeute lauert. Eigentlich haben Pferde aus ihrem Urinstinkt heraus Angst vor Raubvögeln. Offenbar haben meine Ponys Vertrauen gefunden zum »Bussardpärchen«, das seit vielen Jahren dort über den Reben seine Kreise zieht. Im kurz gehaltenen Unterwuchs können die Bussarde die Mäuse besser jagen und helfen uns gegen Mäuseschäden.

Das Beweiden des Unterwuchses im Winter vermindert dessen Konkurrenz um Nährstoffe und Wasser beim Austrieb der Rebe im Frühling erheblich. Zudem bleibt der Unterwuchs beim Weiden nicht flächendeckend liegen wie beim Schnitt. Verdaut und stabilisiert als Kot wird er da und dort wieder abgelegt. Die Gräser können sich nun nicht einfach überall von der abgeschnittenen Pflanzenmasse ernähren, sondern sind auf den Nachschub an Stickstoff durch die Knöllchenbakterien der Leguminosen angewiesen. Dies steigert die N-Fixierleistung der Leguminosen im Rebberg erheblich. Bei schonender Beweidung steigt der Anteil an Weißklee in der botanischen Zusammensetzung der Begrünung. Von dessen Stickstofffixierung profitiert auch die Rebe.

SOMMERBEWEIDUNG DES REBBERGES MIT OUESSANT-SCHAFEN

Wir haben ein paar sehr steile Rebparzellen. Als ich vor einigen Jahren mit meinem Traktor beim Mulchen über die Böschung hinuntergekippt bin, kam ich dank der schützenden Kabine mit dem Schrecken davon. Es war mir aber eine Lehre, sodass wir seither diese Rebparzellen beweiden und nicht mehr per Traktor mulchen.
Zur Beweidung eignen sich unsere Ouessant-Schafe, weil sie sehr anspruchslos und klein, jedoch flink und sehr geschickt sind. Letzteres hat allerdings den Nachteil, dass sie es schaffen, mit den Vorderbeinen an die Rebstöcke hinaufzustehen und Rebschosse bis auf eine Höhe von 1,5 m zu erreichen. So mussten wir uns etwas einfallen lassen. Für die Sorten 'Muscat Bleu' und 'Solaris' hatten wir als Schutz vor Wespenfraß schon seit vielen Jahren Seitenschutznetze montiert, sogenannte Hagelnetze. Diese schützen vor Hagelschlag, vor Vogelfraß und insbesondere vor Wespenfraß. Wir heften diese nun auch unten mit Drähten eng zusammen, damit die Rebenschosse vor den kleinen Mäulern der Schafe geschützt sind. An den Randreihen haben wir feste Zaungitter montiert, damit nur noch stirnseitig mit flexiblem Zaun geschlossen werden muss. Bei alten Stöcken ist die Ganzjahresweide problemlos, bei noch zu wenig verholzten, jüngeren Stöcken machen sie Schäden an der Rinde. Es muss immer Kochsalz, selen- und magnesiumreiches Mineralsalz zur freien Verfügung stehen, damit sie nicht am Holz knabbern. Nach Neupflanzung warten wir etwa acht Jahre mit der Beweidung, bis die Reben genug Borke haben.

Ich empfehle eine extensive Beweidung. Die Tiere sollen nur kurz in der gleichen Fläche bleiben und diese Fläche sollte erst dann wieder beweidet werden, wenn die Begrünung wieder hoch ist, das ist etwa nach 4–6 Wochen. So bleiben faserreiche Altgrashorste stehen, worin Nützlinge ihren Lebensraum finden.

NUTZTIERE UND KLIMAWANDEL

Nutztiere gelten neuerdings als Mitverursacher der Klimaerwärmung. Die Verdauung des Raufutters, insbesondere beim Wiederkäuer, findet bekanntlich durch spezialisierte Bakterien, darunter auch Methanbakterien, statt. Deshalb wird bei der Verdauung auch das klimaschädliche Methan ausgeschieden. Doch solange die Nutztiere aus Flächen, wie Alpen, Hängen usw., gefüttert werden, welche nur als Wiesland genutzt werden können oder welche im Ackerbau für die Erhaltung der Bodenfruchtbarkeit notwendig sind, gehören die Nutztiere zum tragfähigen und nachhaltigen Kreislaufsystem dieses blauen Planeten. Dank Wiesenfutter wird sogar Kohlendioxid aus der Luft in Pflanzenmasse eingebaut und via Hofdünger der raufutterverzehrenden Nutztiere im Humus langfristig festgehalten. Im richtigen Maß waren Raufutterverzehrer wie die Wiederkäuer schon immer ein Teil dieser Natur, denken wir nur an die großen Wildtierherden im Serengeti-Nationalpark in Afrika. Wenn hingegen die Menschen die Nutztiere im industriellen Maßstab in engen Koppeln oder großen Masthallen halten, sie mit Getreide aus den Äckern mästen, statt dass sie artgerechtes Futter aus Wiesen bekommen, dann sieht die Bilanz gar nicht gut aus. Die Nahrung aus den Äckern ist für Menschen bestimmt, Tierhaltung dazwischenzuschalten, ist Verschwendung.

Schon vor über 30 Jahren haben weitsichtige Menschen gemahnt: »Die Nutztiere der Reichen fressen das Brot der Armen.« Deshalb sträube ich mich als ganz im Biolandbau eingebundener Kreislaufdenker gegen die Aussage, dass die Kuh ein Klimakiller sein soll. Hand aufs Herz: Das Problem ist doch, dass wir zu viel Fleisch essen, insbesondere von Geflügel und Schwein, das mit Ackerfutter erzeugt wird und nicht aus naturgerecht erzeugtem Wiesenfutter stammt!

WEINBERG-WEIDEGÄNSE ALS LUSTIGER VERSUCH

Schon in meiner Jugendzeit haben wir Gänse gehalten. Sie sind wunderbare Grasfresser und haben uns viel Arbeit im Obstgarten erspart, weil sie die Wiese unter den Bäumen kurz hielten. Die hohen Stöcke und die Hagelschutznetze ermöglichen dies auch im Rebberg. Die Gans ist als Weidetier sehr interessant. Die breiten Schwimmfüße machen keinen Bodendruck, sie picken das Gras schön an der Spitze ab und bewegen sich als Herde gemächlich vorwärts. So entsteht ein wunderbar weicher Teppich, welcher den Boden zusammenhält, gegen Regen schützt und umgekehrt im heißen Sommer das Austrocknen verhindert. Der Kot ist bei Vögeln mit Harn vermischt, daher für die Bodenlebewesen sehr gut verdaulich und die Nährstoffe sind wieder rasch fürs Pflanzenwachstum verfügbar. Gänse brauchen viel frisches Wasser und eine täglich saubere, ausreichend tiefe Badestelle. Sie müssen über Nacht im fahrbaren Stall eingesperrt werden, zum Schutz vor dem Fuchs. Für entfernte Rebparzellen ist dies zu aufwendig, vielleicht halten wir wieder einmal eine Herde in den neu gepflanzten Reben in Hofnähe, wenn der vorhandene Weiher wieder instandgestellt sein wird.

SOGAR PFERDE BEWEIDEN DEN REBBERG HOCH ÜBER STAMMHEIM

In der Jugend hatte ich den Umgang mit Pferden auf unserem Bauernhof noch einigermaßen gelernt. Sehr viel später, an einem schönen Sonntag, traf ich dann auf jemanden, der gerade auf seinem gescheckten, zottigen Pferd bei unseren Reben eine Pause machte. Es war ein mittelgroßes Pony, das aber trotzdem stämmig, breit und kräftig gebaut war; ganz so wie die kaltblütigen Ackerpferde. Tinker heiße die Rasse, erklärte mir der Reiter. Robust, anspruchslos, ruhig, nervenstark, gutmütig, nicht so groß, mit etwa 1,40 m Stockmaß und sehr geeignet fürs Fahren seien diese Pferde. Ich war ganz elektrisiert. So mag es die geneigte Leserschaft nicht erstaunen, dass wir uns bald danach drei herzige, gefleckte und zottige Stuten der Tinker-Rasse gekauft haben. Über den Sommer weiden sie auf unseren Wiesen und wir fahren mit ihnen unsere Kunden in der Kutsche durch die Reblandschaft. Im Herbst nach der Weinlese beweiden wir sogar den Rebberg in Stallnähe. Hoch über Stammheim genießen sie das satte Grün unter den Reben und vermutlich auch die tolle Aussicht aufs Tal. Im Winter erzeugen sie wertvollen Mist als Humusspender und Nährstoffquelle für unsere Reben.

TIERE SIND SOZIALE WESEN UND BELEBEN DEN REBBERG

Mit der Tierhaltung wird ein wichtiges Element eines harmonischen Betriebsorganismus gestaltet, unser Weingut ist nun also zu einem Biohof geworden. Es ist für alle ein schönes Erlebnis, unsere Bauernhoftiere im Rebberg zu sehen. Der Stammerberg ist wegen der Aussicht ein beliebtes Ziel für Spazierende. Viele bleiben nun längere Zeit am Zaun stehen, und statt einfach die Reben zu betrachten, können die Menschen nun Tiere beobachten. Die Lebendigkeit der Tiere ist in den Rebberg zurückgekehrt. Da sind nun Wesen, die herumrennen, aufeinander schauen, aneinander riechen, miteinander fressen, einander rufen, spielen, Freude, Angst und Beruhigung miteinander erleben. Es ist eine ganze Gefühlswelt, die nun im Rebberg lebt. Die Tiere haben unsere Reben beseelt.

TEIL 3 FREDI STRASSER:

HERKUNFT, WERDEGANG, FAMILIE

AUS DEM LEBEN DES BIOPIONIERS

Interview mit Fredi Strasser
von Franziska Löpfe

Erzähl mir von dir. Wie bist du aufgewachsen? Welche Erfahrungen haben dich zu dem Winzer und Agronomen gemacht, der du heute bist?
Ich bin in Nussbaumen aufgewachsen, einem Dorf im Thurgau, an der Grenze zum Zürcher Weinland. Als ich ein Kind war, standen da vielleicht vierzig Bauernhäuser, alle von Bauern bewohnt. Heute werden diese Häuser von Leuten bewohnt, die ihr Land nicht selber bearbeiten. Auch die vielen Nussbäume stehen nicht mehr da. Zu meiner Kinderzeit hatte jeder dieser Bauern ein paar Kühe, kannte sich dazu auch in allen anderen möglichen Kulturen aus, wusste verschiedene Nutztiere zu halten. So ein Bauer hatte z.B. an einem gewissen Platz im Stall Schafe, die er an verschiedenen Orten weiden ließ, gerade so, wie es ihm gelegen kam. Um ein Kalb zu mästen, brauchte er noch keine Kälbermästerei in einer Halle wie heute. Sein Tagwerk als Bauer verlief nach der Notwendigkeit auf dem Hof und nicht nach geplanter höchster Arbeitseffizienz. Auch eine Spezialisierung auf wenige Kulturen, die entsprechende Investitionen nach sich zog, gab es noch nicht. Man machte einfach alles und dachte nicht in einem ökonomischen Sinn darüber nach. Ich lernte von meinen Eltern, wie man Strohgarben aufstellte, wie man das Gras auf Holzdreiecke, sogenannte Heinzen, aufschichtete, um es zu trocknen. Ich war bei jedem Wetter draußen, schürfte mir an den Storzen der Stoppelfelder die Füße wund. Das Heu wendeten wir sorgfältig mit dem pferdegezogenen Heuwender. So blieben die kostbaren Blätter im Heu. Im Kuhstall meiner Eltern standen die Kälber zwischen den Kühen. Wenn eine Kuh kalben musste, band mein Vater sie los. Manchen Kühen musste er dabei helfen. Danach legte er ihr das Neugeborene zum Schlecken vorne hin. Konnte es stehen, wurde es der Mutter unters Euter geschoben. Zwei Wochen lang durfte es bei ihr bleiben, bis mein Vater es von ihr wegnahm und an eine Futterkrippe in der Nähe band, sodass die beiden sich noch sehen konnten. Wenn ich heute meinen Schülern davon erzähle, machen sie große Augen. Sie kennen das alles nicht mehr, müssen Untersuchungen zur Kuh- und Kälberhaltung lesen und diskutieren, Altes neu erfinden.

Wie hast du deine Schulzeit erlebt?
Meine Primarschule war eine Gesamtschule. Alle Kinder bis zur sechsten Klasse saßen im selben Schulzimmer. Mir gefielen vor allem die Geschichten, die der Lehrer erzählte. Es freute mich, dass die Schulwandbilder, die ich vom Vorjahr her kannte, z.B. das vom Neandertaler, jedes Jahr wiederkamen. Ich fand das gut, diese Kindergemeinschaft, bewundere immer noch den Lehrer Ernst Preisig, den wir hatten. Ich ging gerne zur Schule. Im Dorfleben erlebte ich Ähnliches, z.B. bei der Mostabnahme der Genossenschaft, wo die Äpfel und Birnen gemeinsam eingesammelt

wurden. Manche brachten ihre Früchte tonnenweise auf Traktoranhängern vorbei, anderen reichte ein Handwagen. Einer, an den erinnere ich mich besonders gut, er wurde »Spuck« genannt, kam nur mit ein paar Säcken Obst vorbei, vor allem, um in der Gemeinschaft den Schnaps zu trinken, welchen die Genossenschaft ausschenkte.

Dann kam der Fortschritt. Wir freuten uns riesig über unseren ersten Traktor, obwohl wir ihn zu Beginn manchmal noch mit den Pferden anziehen mussten, weil der Motor nicht anspringen wollte. Mit dem Traktor zogen wir von nun an den Bindemäher. Den Ladewagen, den wir nun auch kauften, empfand ich als gewaltige Errungenschaft. Nun mussten wir am Morgen das Gras für die Kühe nicht mehr von Hand aufladen. Mit dem Heugebläse zusammen ging alles, auch die Heuernte, schneller und schneller. Mechanische und auch »chemische Knechte« erleichterten uns allen das Leben. Im Rebberg und im Obstgarten spritzten wir mit Herbiziden und Fungiziden, das Jäten entfiel, die Pilzkrankheiten wurden kontrollierbar.

Ich empfinde heute noch, wie ein Teil von mir geprägt ist von dieser aufregenden Zeit der technischen Errungenschaften. Mein Vater war ein neugieriger Mann, eigentlich ein innovativer Bauer, doch an seinen Pferden und an einer gewissen Vielfalt hielt er fest. Er war verwurzelt in seinem traditionellen Beruf. Die Bauern rundum spezialisierten sich. Der eine hatte kein Vieh mehr, der andere nur noch Schweine, ein dritter setzte ganz auf Weinbau. Nur noch wenige Bauern gaben Mostobst ab, vor allem die mit den großen Kippanhängern am Traktor. Dorforiginale wie der Spuck verschwanden.

Ich besuchte die Mittelschule in Frauenfeld wie mein älterer Bruder. Klein und eher schmächtig wie ich war, strengte mich der Wechsel in die Stadt an. Es war nicht mehr so einfach, ein guter Schüler zu sein. In dieser harten Zeit lernte ich Durchhaltewillen. Ich freundete mich mit einem Jungen an, der etwas von der Natur und ihren Kreisläufen verstand. Wir saßen in derselben Schulbank und später stundenlang an den Nussbaumer Seen, einem Naturschutzgebiet, und auch im Wald. Daniel Rüetschi, so hieß er, kannte jeden Käfer und wusste um dessen Aufgabe im Gefüge der Natur. Wenn er etwas nicht kannte, suchte er danach in den Biologiebüchern.

Ich bewunderte Danis Kenntnisse, lernte von ihm, was ein Weiher ist, was ein Wald. Als Dani dann ein Praktikum auf einem Demeter-Hof machte, berichtete er mir darüber. Ich kann mich noch genau erinnern, wie fasziniert ich war und wie ich ihn und seine Erfahrungen gleichzeitig belächelte. Was, die düngen nicht, die spritzen nicht, auch nicht die Apfelbäume? Wie soll das denn gehen? Ach, dieser Stadtjunge, dachte ich, was versteht der schon von Landwirtschaft. Doch die Gespräche mit Dani, dem schlaksigen, intelligenten Jungen waren unwiderstehlich, auch unterhaltsam, oft lustig. Er konnte unglaublich viele Daten und Zusammenhänge in seinem Kopf behalten, doppelt so viel wie ich. In unseren Gesprächen entwickelten wir Visionen. Meine Neugierde war für immer geweckt. Vor Kurzem hat sich der Kreis wieder geschlossen, Dani hat meinen Bioweinbaukurs besucht!

Wie kamst du dazu, die Agronomie zu deinem Studienfach zu machen?
Ich dachte vorerst an Jurisprudenz, denn das Gymnasium, das ich besucht hatte, war ein Wirtschaftsgymnasium. Die Rechtswissenschaften interessierten mich, aber bei genauerem Hinschauen fand ich die Materie dann doch zu wenig lebendig. Ich zweifelte daran, ob ich solch umfangreiches, trockenes, manchmal langweiliges Material im Kopf behalten könnte.
Wegen eines Unfalls lag ich dann vor Studienbeginn ein paar Wochen im Spital, las viel, unter anderem die Unterlagen zum Agronomie-Studium, die ein Kollege mir mitgebracht hatte. Es wurde mir bewusst, wie vielfältig die Kenntnisse eines studierten Bauern sein müssen. Ich schrieb mich also vorerst für ein Grundstudium in Agronomie ein. Danach sollte es Agrarwirtschaft werden, der Karriere halber.
Die ETH bescherte mir, zum Glück muss ich im Nachhinein sagen, zwei Professoren in Agrarrecht und Agrarwirtschaft, die so unverständlich und langweilig ihre Paragrafen und Logarithmen vor sich hin dozierten, dass ich diesen Plan aufgab. Stattdessen studierte ich dann Pflanzenbau, wie die Mehrheit meiner Mitstudenten.

Wie war das für dich beim Studium an der ETH in Zürich?
Die Erinnerungen an diese Zeit, an all die vielen Kolleginnen und Kollegen, sind einmalig für mich und sehr kostbar. Es war eine rebellische, aufregende Zeit.
Bei den Agronomen sammelten sich Ende der 1970er-, anfangs der 1980er-Jahre viele Studierende, die sich um die Natur sorgten, sich für sie interessierten. Hier bei uns Agronomen traf sich eine bunte Gesellschaft aus allen Schichten und Gegenden der Schweiz, denn es war die Zeit, in der Schäden im Wald und in den Böden ein Thema geworden waren. Erstmals wurden diese breiter untersucht. Die Umweltwissenschaften als Studienfach gab es ja noch nicht.
Wir Studenten waren in einem Verein organisiert, dem ich mich noch so gerne anschloss, denn so lernte ich schnell viele Kolleginnen und Kollegen kennen, über alle Semester hinweg. Darunter waren initiative, aufmüpfige Leute, die Vorlesungen in biologischem Landbau forderten. Es gab zwar Vorlesungen, die im damaligen

Professorendeutsch »Andere Landbauformen« hießen. Ins Curriculum fürs Studium wurden sie aber nicht aufgenommen, niemand nahm sie ernst. Also begannen wir Studenten selbst, Vorlesungen zu organisieren und Referenten einzuladen und engagierten dazu Wissenschaftler und Praktiker des biologischen Landbaus. Biolandbaupioniere wie Hans Müller und Ernst Weichel kamen zu uns. Es war beeindruckend, diese Urväter des Biolandbaus persönlich zu erleben, auch wenn ihre Vorträge nicht immer mitreißend waren. Ich erinnere mich an eine wunderbare Bodenprobe, die Ernst Weichel mitbrachte – rieselnde, lockere Erde.

Wurde damals an der ETH auch moderne Bodenbiologie gelehrt, dein wichtigstes späteres Arbeitsgebiet?
Nur wenig, die Bodenlebewesen lernte ich erst nach dem Studium kennen, das eigentliche A und O zum Verständnis dessen, wie uns die Erde ernährt.
Otto Schmid, der erste Bioberater in der Schweiz, schenkte mir ein Buch dazu. Unter meinen Mitstudierenden gab es Leute, die sich bereits damals mit den Schattenseiten der neuen Errungenschaften der Agronomie beschäftigten und z.B. über Nebenwirkungen von Spritzmitteln recherchierten. Es konnte nachgewiesen werden, dass manche Herbizide im Boden wie Fungizide wirkten und die Bodenpilze angriffen. In der Literatur wurde zudem beschrieben, dass Herbizide und Insektizide dieselbe Wirkung haben können.
Praktische Erfahrungen konnten wir auf selber organisierten Exkursionen sammeln. Wir Agronomie-Studierende pilgerten dazu zu verschiedenen biologisch geführten Höfen, am späten Nachmittag, nach den Vorlesungen. Ich sah dort das Unkraut auf den Feldern, bewunderte aber trotzdem diese Pioniere, die nichts Abgehobenes, Mystisches an sich hatten, sondern in meinen Augen erfolgreiche Bauern und Unternehmer waren. So einer wollte ich auch sein!
Doch diese Veranstaltungen, bei denen ich mitwirkte und die ich auch genoss, lösten bei mir durchaus zwiespältige Gefühle aus. Ich hatte zu Hause gelernt, dass man düngt, beziehungsweise düngen muss, dass man die Kartoffeln, die Äpfel und die Reben spritzt. In der Landi, dem Laden, den meine Eltern führten, sah ich die gefüllten Gestelle voller Pestizide. Ich war vertraut mit dieser Art von Landwirtschaft, wie sie unterdessen in meinem Dorf betrieben wurde. Ich kannte mich bestens aus mit den chemischen Hilfsstoffen. Meine Bauernkollegen und ich hatten die Errungenschaften der Agronomie begrüßt. Wir mussten nicht mehr hacken gehen, der Dünger brachte mehr Ertrag und die Pestizide halfen uns, die Ernte nicht zu verlieren. Ich erinnere mich an unsere starken Gefühle, als wir plötzlich Mit-

tel in den Händen hielten, mit denen wir gefährliche Erreger bekämpften, die Natur besser beherrschen konnten. Zwar stand auf den Packungen, dass da auch Gift drin war, aber das gehörte halt dazu.
Noch heute strebe ich bäuerliche Produktivität an, als Biobauer und Berater. Ich kenne den Stolz, die Freude, über Felder zu gehen, auf denen »die Ernte dick steht«. Ich wollte damals unbedingt erfahren, wie gute Biobauern so schöne Erträge erzielen können, ohne alle chemischen Mittel. Uns wurde der Hackstriegel gezeigt, eine Maschine zur Bekämpfung des Unkrauts. Zusätzlich lernten wir den geschickten Einsatz des betriebseigenen Hofdüngers kennen. »Aha, so geht das. Das sind sehr gute Bauern, auch ohne konventionelle Hilfsstoffe«, sagte ich mir als junger Agronom, »das schaff ich auch.« Der Zwiespalt wurde mit der Zeit geringer.

Hattest du zuvor noch gar nichts über die Nebenwirkungen der Pestizide gewusst?
Ganz neu waren mir die negativen Auswirkungen der chemischen Hilfsmittel nicht. Eigentlich wurde ich früh damit konfrontiert, immer wieder. So erinnere ich mich, wie wir den Kindern meiner Schwester verbieten mussten, Erde in den Mund zu nehmen, weil diese durch ein Herbizid vergiftet war. Und wir Erwachsenen hätten, so stand es auf der Packung, bei der Arbeit mit dem Mittel eigentlich Schutzanzüge tragen müssen.
Als Jugendlicher half ich dem Vater oft beim Spritzen der Reben. Eine bestimmte Erinnerung an diese Zeit ist mir zum Symbol geworden: Mit der Pistole spritzten wir Reihe um Reihe im Rebberg. Ich musste die schweren Schläuche zwischen die Reben den Berg hinaufzuziehen. Das war eine anstrengende Arbeit in der großen Hitze. Wenn ich Pause machte, weil ich auf den Vater warten musste, setzte ich mich auf den kahlen Boden, schichtete Steine aufeinander, baute kleine Häuser, dachte mir dabei, drinnen könnten Käfer und Schnecken wohnen. Sehen konnte ich zwar keine Insekten oder andere Tiere. Heute weiß ich, dass ich damals auf einer agronomischen Wüste saß.
Mein Vater begann schon bald einmal damit, das Gras zwischen den Rebenreihen zu mähen, nicht mehr zu hacken oder zu spritzen. Die Forschungsanstalt Wädenswil hatten in den 1970er-Jahren empfohlen, die Rebberge zu begrünen. Tat man dies jedoch, so wie mein Vater, wurde man von den Nachbarn kritisiert oder ausgelacht. Die Blätter der Reben solcher Rebberge seien gelber und die Reben wüchsen

schlechter, so die verbreitete Meinung. Meine Mutter hatte allerhand Allergien. Sie verbrachte lange Tage in den Reben, bekam davon geschwollene Arme, Asthma und eine laufende Nase. Sie strich sich die Arme dick mit Salbe ein. Ich litt mit ihr. Wirklich bewusst wurden mir die Nebenwirkungen der wohlgelobten Hilfsstoffe allerdings erst im Studium. Als ich mit einer Studienarbeit Komposte, Erdproben und dann auch Pflanzen untersuchte, die mit Klärschlamm gedüngt worden waren, wurde mir klar, wie sorglos viele Menschen mit Chemikalien umgingen, denn im Klärschlamm fanden sich Gifte von Waschmitteln. So war es also nicht möglich, diesen Schlamm als Dünger aufs Land zu bringen. Gerade die Bauern würden aber, so schwante mir, die ersten Opfer dieser Entwicklungen werden.

Warum werden die Rebbergböden überhaupt kahlgespritzt?
Das Hauptargument zugunsten der kahlen Rebberge ist die Konkurrenz der Rebe mit den anderen Pflanzen, vor allem, wenn es trocken wird. Heute weiß man es aber besser: Die Wurzeln der Pflanzen verhindern das Abschwemmen der Erde ins Tal. Man hat erforscht, welche Pflanzen für die Begrünung geeignet sind. Bei länger anhaltender Trockenheit ist es für die Reben tatsächlich anstrengender, wenn sie sich mit der Begrünung das Wasser teilen müssen. Doch erfahrene Winzer waren sich schon immer sicher, dass bessere Weine entstehen, wenn die Reben das Wasser mit langen Wurzeln in der Tiefe suchen müssen. In meinem Studium, dem offiziellen und dem inoffiziellen Teil, ging es mir sehr früh auch schon um Reben. Ein paar meiner guten Studienfreunde kamen von Weinbaubetrieben. Wir hörten von biologischem Weinbau, hörten mit Staunen und großem Interesse, dass das natürliche Kupfersalzpulver und Schwefelpulver als Mittel gegen Mehltau im Bioweinbau verwendet werden durfte. Emil Vuille, ein Pionier für biologischen Weinbau vom Bielersee, ließ sich dazu vernehmen. Ich sah bei ihm als Erstem, dass sich auch Winzer gegen zu aggressive Schaderreger zur Wehr setzten, aber mit Mitteln der Natur.
Für das Fach Weinbau gab es beim offiziellen Studium zwei hervorragende Dozenten. Ich hatte, zusammen mit zwei Kollegen, eine Seminararbeit für einen von ihnen geschrieben. Wir wollten herausfinden, ob es möglich wäre, vom Spritzen wegzukommen. Um dieses Ziel zu erreichen, diskutierten wir verschiedenste Varianten. Eine aus heutiger Sicht etwas verrückte Idee war z.B. unsere Vorstellung, man könne mit einem Gebläse durch die Reben fahren, um sie rasch zu trocknen und so vor Pilzen schützen. Wir haben unserer Fantasie freien Lauf gelassen, weil wir unbedingt ganz vom Spritzen wegkommen wollten. Mit jugendlichem Ehrgeiz wollten wir auch weder Kupfer noch Schwefel spritzen, hielten gegenüber einem der

Dozenten hartnäckig an diesem Wunsch fest, obwohl er uns immer wieder vor der Aggressivität der Mehltau-Pilze gewarnt hatte. Schließlich gab er unserem Drängen nach, erzählte uns von Pierre Basler, dem Sortenspezialisten in der Forschungsanstalt Wädenswil, der sich unter anderem auch um robuste, resistente Sorten kümmerte. Mit diesem sollten wir einmal reden, riet er uns.

Die Worte »robust« und »resistent« überzeugten mich sofort. Ein Funke war gesprungen. Ich erinnere mich, wie ich dem Dozenten nach der Vorlesung im Gespräch bis zur Tramhaltestelle folgte, um ihn über diese Züchtungen auszufragen. Zur Not, meinte er, wäre es vielleicht interessant, auf einem abgelegenen Rebberg solche Reben zu pflanzen, um nicht mehr mit der Spritze hinfahren zu müssen, auch um mehr über diese Sorten herauszufinden. Der daraus gekelterte Wein sei jedoch eine Katastrophe, nicht trinkbar. Und überhaupt sei das eigentlich Schädliche am Wein der Alkohol, und angesichts der Umweltverschmutzung durch die Autos, er zeigte dabei auf die stark befahrene Straße, sei das doch ein Klacks, dieses bisschen Spritzen. Man könne nach der Gärung und Filtration keine Schadstoffe im Wein mehr nachweisen.

Stimmt das?

Beides stimmt heute nicht mehr. Es gibt eindeutig giftigeres im Wein als den Alkohol. Und die Schadstoffe kann man noch im Wein nachweisen. Nicht umsonst hat der Gesetzgeber Grenzwerte für Spritzmittelrückstände erlassen.

Wie wurde eure Seminararbeit aufgenommen?

Sie wurde gut aufgenommen, besonders die Variante mit den resistenten Sorten, den neuen Züchtungen. Ich war bei meinem agronomischen Lebensthema angekommen. Von der Genetik geht für mich bis heute eine Faszination aus. Dass in der Vererbung etwas drinsteckt, das sich gegen agronomische Unbill, Schädlinge und Pilze wehren kann, begeistert mich. So kann ich meine Reben biologisch anbauen und doch produktiv sein.

Kannst du zum Schluss noch einmal zusammenfassen, welche Faktoren deine Entwicklung entscheidend geprägt haben?

Die Widersprüche in meiner Jugend haben sich meist kreativ ausgewirkt.

Tags arbeitete ich mit Giften im Rebberg und abends badete ich im Nussbaumersee im Naturreservat. Diese starken Kontraste ließen mich erahnen, dass da etwas nicht zusammenpasste. Die Freundschaft mit meinem naturwissenschaftlich begabten Querdenker in der Mittelschule, der nicht aus einer Bauernfamilie stammte, machte mich neugierig auf die Zusammenhänge in der Natur. Meine Studien, die angebotenen und diejenigen, die wir selbst mitgestalteten, fanden in einer bewegten Zeit statt. Ich lernte viele interessante Menschen kennen. Die unerwünschten Nebenwirkungen bei den chemischen und technischen Neuerungen ließen sich je länger je weniger verbergen. Ich begegnete erfolgreichen Biobauern und fühlte mich wohl in ihrer Gesellschaft. Dann wurde ich zum ersten staatlichen Bioberater am Strickhof, der landwirtschaftlichen Schule im Kanton Zürich, nachdem ich 1984 mein Studium an der ETH Zürich abgeschlossen hatte.

Warum bekamst ausgerechnet du diese begehrte Stelle?
Ich glaube, das Gemisch an ganz praktischen Erfahrungen, die ich zu Hause hatte machen können, und zugleich auch die innovativen Ratschläge meines Vaters trugen wesentlich dazu bei. Davon war meine Probelektion geprägt. Diese hat meine zukünftigen Arbeitgeber überzeugt.

Erzähl mir deine liebste Räubergeschichte: Wie ihr die zwingende Rebsorten-Liste abgeschafft habt!
1994 fragte ich meine Klasse von Bauern, die sich an der kantonalen landwirtschaftlichen Schule Strickhof in biologischem Landbau ausbilden ließen, ob sie schon einmal von der zwingenden Rebsorten-Liste gehört hätten, ob sie wüssten, dass es in der Schweiz verboten sei, gesunde, pilzresistente Rebsorten anzubauen. Ich erzählte ihnen von dieser Liste, auf der nur anfällige Europäer-Sorten aufgeführt waren, die ohne häufiges Spritzen in unserer Region nicht gedeihen, die eigentlich als gesundheitsschädigend bezeichnet werden müssten, weil man Rückstände von Pflanzenschutzmitteln bei ihnen nachweisen könne, dass ich hingegen PIWI-Trauben, also pilzresistente Sorten, nur mit einer Sonderbewilligung habe anbauen dürfen und dies auch nur dank der Empfehlung des Sortenspezialisten Dr. Pierre Basler von der Forschungsanstalt Wädenswil. Meine Zuhörer waren über diesen Sachverhalt sehr erstaunt. Sie wussten nicht, dass mir als Winzer, Fachmann für biologischen Landbau und innovativen Unternehmer solch restriktive Auflagen gemacht wurden. »Ich muss«, so erzählte ich ihnen weiter, »von jeder der neuen Sorten sechs Flaschen jährlich zur Probe an die Kommissäre abliefern und damit rechnen, dass sie anordnen, eine Sorte zu roden, wenn der Wein den Qualitätsanforderungen und damit vor allem dem Geschmack der Prüfer nicht entspricht«.

Wie kann es denn zu diesen Restriktionen?

Das fragten mich meine Schüler auch! So ganz klar ist das eigentlich für niemanden. Folgendes ist aber belegt: Zu Beginn des 19. Jahrhunderts wurde in ganz Europa frei mit neuen Rebsorten experimentiert, vor allem in Frankreich, vorerst aus purer wissenschaftlicher Neugier an den Kreuzungen zwischen verschiedenen Rebenarten. Als die Winzer mit dem aus Übersee eingeschleppten Schaderreger Reblaus sowie dem Falschen und dem Echten Mehltau-Pilz konfrontiert wurden, verstärkten sie ihre Bemühungen noch. Das Problem mit der Reblaus hatten sie bald gelöst: Sie pfropften alte europäische Sorten auf amerikanische Wurzeln, die gegen diesen Schädling resistent waren. Der Umgang mit den zerstörerischen Mehltau-Pilzen hingegen war komplizierter und schwieriger. Von neuen Züchtungen, den interspezifischen Sorten, erhofften die Winzer sich Erfolg. Für den lokalen Gebrauch bewährten sich die neuen Sorten bald, aus manchen wurden auch gute Weine hergestellt. Doch hätte es mehr Zeit gebraucht, um die nötigen Erfahrungen für die Herstellung von Qualitätswein zu sammeln. Die meisten dieser neuen, interspezifischen Sorten entstanden um die Jahrhundertwende. Man nannte sie Hybriden und den daraus gewonnenen Wein Americano. Mitte des 20. Jahrhunderts waren in Frankreich etwa 400.000 Hektaren Rebland mit resistenten Sorten bepflanzt, das war ein Drittel der Rebfläche. Dann aber wurde in Frankreich die AOC eingeführt, die Appelation d'Origine Controllée. Alle Sorten, die auf dieser Liste nicht vorkamen, durften ab diesem Zeitpunkt nur noch als Landweine oder Tischweine verkauft werden.
Die traditionellen Weinhäuser hatten aus Angst vor Überproduktion (insb. algerischem Wein), kriminellen Machenschaften (Panschen) und Preiszerfall Druck auf die Winzer ausgeübt und dafür gesorgt, dass viele resistente Sorten nicht auf die AOC-Liste kamen. Auch die aufkommende Agro Chemie lobbyierte erfolgreich. Mit zu den nicht berücksichtigten Sorten gehörten am Ende die PIWI-Sorten. Die riesigen, mit resistenten Sorten bepflanzten Rebländer in Frankreich wurden in der Folge wieder mit den bekannten Europäer-Sorten bepflanzt, aus denen man guten Wein herstellen kann, die zudem den Käufern vertraut, aber eben auch sehr krankheitsanfällig sind. Das AOC wurde in manchen Gegenden Gesetz, die meisten resistenten Sorten verboten. Pierre Basler beschreibt in seinem Buch Geschichten aus der Ardèche, wo bei nicht gefügigen Winzern in den 1950er-Jahren die Polizei vorbeikam, um die verbotenen Rebsorten zu roden. Heute, ein gutes halbes Jahrhundert später, genießen alte, gerettete Hybriden dieser Region Kultstatus.

Die Geschichte der Hybriden ist in Frankreich stürmisch verlaufen. Wie war das denn in der Schweiz?
Auch in der Schweiz, wie in vielen europäischen Ländern, war die Sortenpolitik restriktiv. Auch hier wurde damals von Amtes wegen eine Rebsortenliste geschaffen, die unbedingt eingehalten werden musste. Diese Liste behinderte uns Weinbaupioniere ungemein.

Wie hast du nun aber gegen diese alte Rebsorten-Liste gekämpft?
Einer meiner ersten Schüler für biologischen Landbau war Andrea Hämmerle. Er war gerade daran, seinen Betrieb im bündnerischen Domleschg auf Biolandbau umzustellen. Später wurde er in den Nationalrat gewählt. Er fand es unglaublich, welche Hindernisse man uns Weinbauern in den Weg legte. Wir beschlossen gemeinsam, die zwingende Rebsorten-Liste zu Fall zu bringen. Dabei halfen uns die Nationalräte Ruedi Baumann und Hans Meier, die Ständerätin Verena Diener und Pierre Basler als Gutachter von der Forschungsanstalt. In Bern erreichten die Politiker unter ihnen, dass eine Revisionskommission zur Frage der Rebsorten-Liste eingesetzt wurde. Ich beschrieb zu Handen dieser Kommission eindringlich die ökologischen Vorteile der resistenten Sorten, erwähnte dabei auch die Krankheit meiner Mutter, die mutmaßlich durch die Spritzerei im Rebberg ausgelöst worden war. Parallel dazu veröffentlichte Pierre Basler in der Schweizer Weinbauzeitschrift den viel beachteten Artikel: »Wie frei ist eigentlich der Winzer?«. Darin sprach er dem amtlichen Sortenzwang in einem freien Markt jegliche Berechtigung ab. Andrea Hämmerle und Ruedi Baumann, die in der zuständigen parlamentarischen Kommission saßen, setzten sich für meinen Vorschlag ein, das Wort »zwingende« Rebsorten-Liste durch das Wort »zu empfehlende« zu ersetzen. Der Schachzug gelang, obwohl vor allem die traditionellen Winzer in der Kommission gegen die Hybriden wetterten, und zwar wieder einmal mit dem Argument, man könne Wein aus PIWI-Sorten nicht trinken. Hämmerle, ein sozialdemokratischer Politiker, bestand darauf, den ökologisch orientierten Winzern, die mit den neuen Sorten einen Markt aufbauen wollten, freie Hand zu geben. »Das ist Liberalismus, oder was meinen Sie, Herr Delamuraz?« So forderte er damals unseren freisinnigen Bundesrat heraus. Bundesrat Delamuraz, der als Freund der Weinkultur an der Sitzung teilnahm, konnte nicht dagegen sein. Die Weinbauverordnung wurde in Sinn von mir und meinen Mitstreitern revidiert. Seither dürfen die Schweizer Winzer PIWI-Sorten anbauen und gehören damit zu den freiesten Winzern in Europa!

Wie war denn hier in der Schweiz das Verhältnis der Leute zu den PIWI-Sorten?
Die Mehrheit der Winzer und Konsumenten in der Schweiz hat den Schritt zu den PIWI-Sorten noch nicht gemacht. Diejenigen, die weiter experimentierten und neue Züchtungen ausprobierten, taten dies ohne Unterstützung. Die Qualität ihrer Weine wurde nicht anerkannt, fast aus Prinzip, und zwar auch dann noch, als die Weine immer besser wurden.

Hast du eine Erklärung dafür?
Traditionelle, kulturell-konservative Werte gehören zum Wein; sie sind an die altbekannten Europäer-Sorten gebunden. Der Widerstand gegenüber den Winzern, die mit neuen, resistenten Sorten experimentierten, war erschreckend. Ihre Versuche, einen Rebbau zu betreiben, der den Boden, die Natur und das Klima schont, wurden diffamiert, ihr Wein immer wieder hämisch als nicht trinkbar verunglimpft.

Weißt du, warum der Staat bei uns in der Schweiz in die Weinbaulandschaft so rigoros eingegriffen hat?
Das ist mir nicht ganz klar. Es kamen auch hierzulande hie und da schlechte Weine auf den Markt, was bei den Winzern von Qualitätsweinen Ängste auslöste. Das Einfachste, aber nicht unbedingt das Klügste, was dagegen getan werden konnte, war, eine zwingende Rebsorten-Liste einzuführen, auf der nur noch die Sorten Platz fanden, aus denen jeder Winzer ganz einfach guten Wein herstellen konnte, also 'Blauburgunder', 'Müller Thurgau', 'Chardonnay', 'Chasselas', 'Gewürztraminer' und wie sie alle heißen. Der Einsatz der dafür notwendigen, schädlichen Spritzmittel wurde bei diesem Entscheid nicht in die Überlegungen miteinbezogen.

Auf den Weinlehrpfaden der Region Twann am Bielersee und auf dem Buchberg im Rheintal z.B. werden PIWI-Sorten heute ganz selbstverständlich neben den anderen Sorten genannt.
Ja, dem ist tatsächlich so; zurzeit findet ein Wandel statt. Dass der Markt für die neuen Weinsorten nun langsam zu spielen beginnt und es bereits Winzer und Unternehmer gibt, die vor allem mit Blick auf den Markt damit beginnen, PIWI-Sorten zu pflanzen, beweist dies.

Fredi, du selber bist eine der treibenden Kräfte dieses Kulturwandels gewesen. Ich hör immer wieder von dir, wie wichtig die Stiftung Fintan in Rheinau bei diesem Wandel war. Du warst Gründungsmitglied dieser Pächtergemeinschaft von biologisch-dynamischen Bauern. Du hast beim Umbau ihres imposanten Weinbergs »Chorb« die Hauptrolle gespielt. Erzähl mir von eurer Zeit in Rheinau und euren Erfahrungen bei der Fintan Gruppe.
Meine Frau, Maria Coray Strasser, und ich waren 1997 mit unseren vier Kindern für fünf Jahre lang nach Rheinau gezogen. Wir halfen nach Kräften mit, das Projekt Fintan aufzubauen und insbesondere den Weinberg Chorb umzugestalten. Mit der Stiftung Fintan verfolgten wir das Ziel, den 150 Hektar großen kantonalen Landwirtschaftsbetrieb Rheinau als Pächter auf den biologisch-dynamischen Landbau gemäß der Grundsätze der Anthroposophie umzustellen. Wir wollten dieser Pächtergemeinschaft angehören, die plante, als Kollektiv zusammenzuarbeiten, dabei auch Menschen mit Beeinträchtigungen zu beschäftigen. Wir versprachen uns viel davon, nicht mehr nur für uns allein zu arbeiten, sondern an einer zukunftsorientierten Bewegung teilzunehmen. Uns machte neugierig, wie der Umgang mit den zu betreuenden Menschen sein würde, sicher anspruchsvoller als mit meinen Berufsschülern. Ich ging dabei tatsächlich den Weg vom Lehrer zum Pädagogen. Mein ganz persönlicher Traum kam noch dazu: Ich wollte hier für die PIWI-Sorten eine Plattform errichten, vom Chorb aus, diesem berühmten Weinberg, die Botschaft der PIWIS in die Welt hinaus senden. Rückblickend war die Zeit in Rheinau eine Lebensphase, in der mir viele Hindernisse in den Weg gelegt wurden. Ich erschrak über die Heftigkeit, mit der mir verschiedenste Kontrahenten entgegentraten. Da war zum einen das Dorf mit seinen kulturbewussten Exponenten, die mit Zähnen und Krallen das Kulturgut, also den Weinberg Chorb in seiner bisherigen Form, verteidigten, und jede Änderung, wenn auch agronomisch und ästhetisch zum Besseren, grundsätzlich ablehnten. Ich wollte die steilen Hänge terrassieren, hauptsächlich wegen der Mitarbeiter mit ihren verschiedenen Beeinträchtigungen, aber auch aus rebbautechnischen Gründen. In Gesprächen, Sitzungen, Flurbegehungen mussten wir mit aller Überzeugungskraft und auch mithilfe von Experten aufzeigen, dass in Rheinau keine Großterrassen geplant waren, so wie etwa in Kaiserstuhl, sondern lediglich kleine, dezente Abstufungen, die den Charakter des Chorbs nicht verändern würden. Auf historischen Fotografien war keineswegs eindeutig, dass der Chorb immer genau so ausgesehen hatte, wie er es zum damaligen Zeitpunkt tat. Wir mussten beruhigen, aufklären, argumentieren. Das hat viel Kraft und Einsatz von uns beiden erfordert.

Dann waren da die konventionellen Weinbauern der Umgebung, die sich davor fürchteten, in Verruf zu geraten, einen Imageschaden davonzutragen, wenn ihr Flaggschiff, die berühmte Staatskellerei des Kantons Zürich, die bis anhin die Trauben und den Wein des Chorb angekauft hatte, auf PIWI-Trauben umstellen würde. Während wir in Rheinau arbeiteten, hatten wir unseren eigenen Rebberg in Nussbaumen behalten, was organisatorisch ziemlich kompliziert und entsprechend anstrengend war. Ich war viel unterwegs, Maria blieb mit den Kindern allein im Rebberg in Rheinau. Dort wollte ich die alten Sorten ausreißen und neue pilzresistente pflanzen. Ich träumte nun davon, mit den Trauben aus meinem Nussbaumer-Betrieb und den Trauben aus dem Chorb eine unabhängige Kellerei aufzubauen. Doch fürchtete ich immer mehr, meine Pläne nicht umsetzen zu können, weil die Staatskellerei die PIWI-Rebsorten ablehnte; und dies, obwohl mir unterdessen attestiert wurde, dass meine Weine aus 'Cabernet Jura', einer neuen PIWI-Sorte, unterdessen so gut schmeckten wie solche aus Kalifornien.
Ein weiterer bedrohlicher Widerstand kam von der politischen Ebene: Mein Zweitberuf als Lehrer und Bioberater an der staatlichen landwirtschaftlichen Schule am Strickhof war gefährdet wegen einer Anfrage an den Regierungsrat, ob so ein Lehrer wie ich am Strickhof denn überhaupt tragbar sei. Natürlich hatte ich da auch mit Existenzängsten zu kämpfen.
Zu guter Letzt gab es noch Widerstand innerhalb unserer Gruppe selbst. Leute aus der pädagogischen Abteilung ohne agronomische Fachkenntnisse begannen, unter dem Druck der Widerstände meinen fachlichen Kompetenzen zu misstrauen. Sie gaben mir Ratschläge und forderten mehr Geduld für die alten Rebstöcke. Es war hart für mich, dass meine agronomischen Erfahrungen, meine beruflichen Qualifikationen als Rebbauer nun in unserer Gruppe in Zweifel gezogen wurden. Als jedoch Pläne kursierten, uns den Rebberg wieder wegzunehmen und konventionell zu führen, stellte sich die Gemeinschaft der Stiftung Fintan hinter mich. Mitten im Herzen des großen Demeter-Hofes dann Reben zu haben, die konventionell gespritzt würden, diese Vorstellung war dann doch für alle undenkbar. Wegen all dieser Belastungen wollten wir uns aus diesem Projekt wieder zurückziehen. Maria, meine Frau, konnte diesen Schritt bald vollziehen, indem sie, als gelernte chemische Laborantin, eine Stelle im geologischen Institut in Zürich annahm.

Ihr wirkt da zufrieden.

Ja, irgendwie doch. Ich hatte gerade den »Goldene Lerche«-Preis für meine Verdienste im ökologischen Weinbau erhalten. Aber auch wenn man es auf dem Bild nicht sieht: Ich war erschöpft, spürte körperlich die lange Zeit des Kampfes, die vielen schlaflosen Nächte. Ich bekam Rückenschmerzen. Erst meine Biobauernkollegen machten mich auf meinen Zustand aufmerksam. So begann ich meine Augen für andere Berufsperspektiven offen zu halten. Ich freute mich darüber, als man mich zu Agroscope, der landwirtschaftlichen Forschungsanstalt des Bundes, holte. Dort war ich dann bis vor Kurzem Verantwortlicher für den biologischen Landbau. Heute unterrichte ich auch wieder, nämlich an der neugegründeten landwirtschaftlichen Schule in Rheinau, an der Bauern in biodynamischer Landwirtschaft ausgebildet und diplomiert werden.

Nun unterrichtest du in der Demeter Schule in Rheinau. Das ist ja die biologisch-dynamische Landwirtschaft, welche von der Anthroposophie geprägt ist. Welche Beziehung hast du dazu? Wie geht es dir z.B. bei der Anwendung der biologisch-dynamischen Präparate?

Für mich hat der Vorgang auch eine symbolische Kraft. Vom Tier, von den Pflanzen und vom Reich der Mineralien nehmen wir etwas, um es zusammenzubringen. Dabei entstehen innere Bilder bei mir und die geben mir seelisch und gedanklich etwas zurück. Was bei der Dynamisierung dieser Präparate in fast homöopathischer Art genau stattfindet oder nicht stattfindet, wird durch verschiedene Untersuchungen verschieden interpretiert. Ich selber habe den Eindruck, dass meine Trauben, wenn sie im Herbst reif werden, ein wenig mehr leuchten. Ja, das ist mein Empfinden und vielleicht mache ich es nur deswegen. Und das ist gut so. Und es ist auch gut, dass ich der Pflanze sagen darf: »Mit dem Kieselpräparat kannst du das Sonnenlicht besser aufnehmen.« Es gibt Untersuchungen, die beweisen wollen, dass es nach dieser Behandlung ein paar Grad Öchsle mehr gebe in den Trauben. Beim Pflanzenwachstum spielen immer mehrere Faktoren zusammen und solche Untersuchungen sind wissenschaftlich schwierig zu interpretieren.

Ich habe dieses Frühjahr die Hörner ausgeklopft, dann den so kompostierten Kuhdung im Bottich mit Wasser gerührt, eben dynamisiert. Mich interessiert, wie sich das Material verändert. Es riecht immer wieder anders, alle paar Minuten, oft kompostartig. Nachher spritze ich es auf den Rebberg, auch das gefällt mir, aber das Erlebnis war bereits vorher beim Rühren da.

Wir haben noch gar nicht darüber geredet, wie es euch gelungen ist, eure Weine auf den Markt zu bringen!

Es begann alles mit einer Flasche Wein von **Guido Lenz**, er war auch ein Pionier des biologischen Weinbaus, war wohl der mutigste und risikofreudigste von uns allen. Stefan Zahner kannte ich aus der Studienzeit; er stammt aus einer bekannten Weinbaufamilie im Zürcher Weinland. Wir probierten also diesen Wein aus der Sorte 'Maréchal Foch' und auf seinen Rat gab ich viel: »Fredi, diese Rebsorte kannst du setzen, das ist spannend, das ist ein guter Wein. Ich erkenne das Potenzial dieser Rebsorte trotz der kleinen Mängel durch Kleinkelterung«. Das war sein Kommentar bei dieser Degustation. Ein Auftakt, ein Auslöser, durch den ich den Mut fand, mit einer völlig unbekannten Rebsorte in den Markt einzusteigen. Bald schon verarbeiteten Guido Lenz und ich größere Mengen der Sorte 'Maréchal Foch', den wir zusammen mit anderen PIWI-Sorten immer noch mit Sonderbewilligung anbauten. Wir sammelten Erfahrungen, die Weine machten eine Entwicklung durch, sie wurden besser. Wir waren überzeugt davon, die Geburt eines neuen Weins zu erleben.

Wo habt ihr diese Weine verkauft?

Mit solch neuen Weinen, unterdessen mehreren, organisierten wir in den 1980er-Jahren im Eisenwerk von Frauenfeld einen Biomarkt. Zu diesem Zweck fragten wir Biobauernkollegen, ob sie Lust hätten, mit Käse, Brot und Wurst unsere Weindegustation zu ergänzen. So konnten sich die Leute verpflegen. Wir genossen alle die lässige Stimmung dieser Pionierzeit, denn es war eine Freude, so hemdsärmelig auf die Leute zuzugehen. Direktvermarktung war unser Ding, denn welcher Laden, welcher Filialist wollte damals schon Bioweine in sein Sortiment aufnehmen? Dann kam ein nächster Schritt. Es gab die ersten ökologischen Messen; »Erda« hieß eine. Dort bauten wir unsere Stände auf. Da waren Freunde und Kollegen wie Bruno Bosshard schon dabei, dort habe ich die Leute der Weinhandlungen von Delinat kennengelernt, Karl Schefer, und auch Heiner Stolz vom

Küferweg. Mit **Heiner Stolz** entwickelte sich eine Zusammenarbeit. **Karl Schefer** von Delinat und ich sind einander auch immer wieder begegnet, haben uns beflügelt und gegenseitig inspiriert. Über die Weinhandlung Küferweg war es möglich, an ein breiteres Publikum zu gelangen.

Warum verkauft der Küferweg deinen Wein nicht mehr?
Wir wurden vom Pech verfolgt! Wir hatten aufgehört, in der kleinen Kelterei mit Guido Lenz zu keltern, weil wir nun in der Lage waren, größere Mengen Wein zu produzieren. Die Lohnkelterei, zu der wir dann unsere Trauben brachten, kelterte allerdings auch konventionelle Weine. Dort wurde dann beim unsorgfältigen Arbeiten auch ein wenig konventioneller Wein in unseren Biowein gemischt. Dazu kam, dass ein Nachbar zu weit auf meine Reben hinübergespritzt hatte. Als in der Sendung »Kassensturz« unser Wein untersucht wurde, konnte das nachgewiesen werden.
Du musst dir das einmal vorstellen: Wir machen Wein von Reben, die wir nicht spritzen. Ausgerechnet bei uns werden dann Rückstände von künstlichen synthetischen Spritzmitteln gefunden. Ich kam mir wie von Fäusten zu Boden geschlagen vor. Es konnte zwar alles eruiert und aufgeklärt werden, doch für die Leute vom Küferweg wurden wir offenbar eine zu heiße Kartoffel. Sie nahmen daher meinen Wein aus ihrem Sortiment.
Wir mussten also neue Wege finden. Einer davon war die Genossenschaft Biofarm, die Genossenschaft der Biobauern, die Detailhändler beliefert, in der Regel Biofachgeschäfte. **Markus Johann**, der damalige Geschäftsleiter von Biofarm, besuchte uns auf einem Betriebsausflug mit den Genossenschaftsmitgliedern in Rheinau zur Degustation. Die Weine gefielen den Genossenschaftern. Markus Johann schlug vor Ort der versammelten Reisegesellschaft vor, unsere Weine ins Biofarm-Sortiment aufzunehmen. Die anwesenden Genossenschafter stimmten zu. Für uns war es natürlich ein Riesenerfolg, wieder in die Bioläden hineinzukommen. Wir kreierten neue Weine, die gut liefen, den 'Soleil d'Or', den 'Planète bleue' und den 'Schiller' zum Beispiel. Wir entwickelten ein Gespür dafür, wie wir uns in den Bioläden am besten platzieren mussten, damit wir uns von den bombastischen Südlandweinen abheben konnten. Es lief gut und es war ein wichtiger Entwicklungsschritt für uns, über die Genossenschaft und als Direktbeteiligte Einfluss auf den Markt nehmen zu können. Die Botschaft der PIWI-Weine begann sich im Biosegment mit jeder Flasche Wein zu verbreiten.

Warum hast du nicht mehr alle deine Weine in den Bioläden? Ich habe einige immer gerne gekauft, dann plötzlich aber nicht mehr gefunden.
In der Bio-Szene wechselten die entscheidenden Personen immer wieder und man musste jeweils wieder von vorne anfangen beim Aufbauen des Kontaktes.
Doch die Bioläden wurden auch intensiv von großen Weinhandlungen bearbeitet. Sie haben bei ausländischen Weinen eine viel größere Marge als bei Weinen von uns einheimischen Winzern. Es gab daher eine Zeit, in der sich unsere Weine nicht mehr so gut verkauften. Das Problem beim Biomarkt waren die kleinen Mengen, deren Vertrieb zu teuer wurde. Darum nahm ich parallel zu diesen Bemühungen Kontakt zu Coop auf, denn unsere Produktion war so groß geworden, dass die Direktvermarktung nicht mehr genügen konnte. Wir brauchten einen zusätzlichen Partner. Auf der Suche nach einem solchen schlenderte ich durch Coop Filialen, die bereits Biomilch verkauften, und sah mir die Weine an. Zu diesem Sortiment wollte ich Zugang finden! Die aufgereihten Reihen von Weinflaschen aus der ganzen Welt, und keiner davon Bio, kamen mir vor wie eine Phalanx, die es zu durchbrechen galt. In der Schweiz ist es eindeutig das Verdienst von Coop, Bioprodukte für alle Menschen zugänglich gemacht zu haben; und Coop ist einer der größten Filialisten! Die Bioprodukte standen in den Coop-Filialen in den Gestellen direkt neben den konventionellen Produkten, und waren entsprechend für jedermann leicht erreichbar. Der Biolandbau hatte davon Vor- und Nachteile: Zwar gab es dadurch mehr Konsumenten für unsere Produkte, doch mussten wir auch unsere selbstbestimmte Nische aufgeben, wozu gehörte, dass das fachliche Niveau der Beratung durch die Bioläden wegfiel. Doch juckte es mich, ins Sortiment von Coop reinzukommen. Darum nahm ich allen Mut zusammen und griff zum Telefonhörer. Herr Engeler, der zuständige Einkäufer bei Coop, ließ mich zuerst spüren, was für ein kleiner Fisch ich war. Meist kauft er ja Millionen Liter aus dem Ausland ein. An diesem Telefongespräch gab ich alles, um mich als guter zukünftiger Geschäftspartner zu zeigen. Schlussendlich hatte ich es geschafft! Wir starteten mit wenigen Tausend Litern, als Regio-Produkt. Für den Coop war das zunächst nicht wirklich ein interessantes Geschäft, doch Herr Engeler wollte es probieren.

Wie ging es dann weiter?
In Rheinau gestalteten wir für das Kader von Coop, für alle bis zum obersten Chef, einen Weiterbildungstag in Biolandbau und warben dabei für Bioprodukte.
Wir machten zu diesem Zweck einen Postenlauf. Das Ganze war ein Riesenevent, 400–500 Leute waren dabei. Ich betreute mit Herrn Engeler den Posten Weinbau. Ich wollte endlich meinen Wein aus pilzresistenten Sorten an den Mann und die Frau bei Coop bringen. Wir ließen die Tagungsteilnehmer bekannte Coop Bioweine, auch meinen 'Blauburgunder', dann aber auch meine Weine aus pilzresistenten Sorten versteckt in Papiertüten degustieren. Auf einer Pinnwand konnten die Teilnehmenden Punkte für die Güte der Weine eintragen. Die Weine aus pilzresistenten Sorten bekamen dabei gute Noten! Die Resultate eröffnete ich vor allen, sodass auch der oberste Chef hören konnte, dass meine Weine aus resistenten Rebsorten Zukunft im Coop-Sortiment haben könnten. Herr Engeler ermöglichte mir in der Folge, eine Cuvée aus 'Blauburgunder' mit pilzresistenten Sorten zu liefern. Er brauchte auch mehr Wein, den ich jedoch nur dann schicken konnte, wenn mir erlaubt wurde, 'Blauburgunder' mit resistenten Sorten zu ergänzen. 'Nussbaumer Cuvée Barrique' hieß diese Cuvée. Darin waren 'Maréchal Foch', 'Léon Millot' und 'Cabernet Jura' enthalten, aber immer noch auch ein anständiger Teil 'Blauburgunder'.

Wie konntest du erreichen, dass Coop schließlich die Weine aus rein pilzresistenten Sorten akzeptierte?
Bei einem der jährlichen Besuche von Herrn Engeler und seinem Chefkellermeister, Herrn Vögele, gab ich den Herren von allen Sorten einzeln zur Degustation.
Dann machte ich den Vorschlag, den 'Blauburgunder' von nun an durch die resistente Sorte 'Chancellor' zu ersetzen. 'Chancellor' hat eine gewisse Ähnlichkeit mit 'Blauburgunder'. Da wusste der Chefeinkäufer Engeler zuerst nicht so recht, wie er das beurteilen sollte, aber sein Kellermeister ermutigte ihn und sagte:

»das können Sie machen, 'Chancellor' ist eine gute Sorte«. So kam es dazu, dass ich den letzten Rest 'Blauburgunder' endlich ausreißen konnte.
Wir verkauften bei Coop von nun an als Erste in der Schweiz eine Cuvée ausschließlich aus pilzresistenten Sorten. Ich finde bis heute, dass dies eine Prachtsleistung ist! **Herr Engeler** und **Herr Vögele** hatten den Mut, diesen Schritt mitzumachen.
Nun hätte es eine Werbekampagne mit Herzblut für die PIWI-Weine gebraucht, was aber leider ausblieb. Erst jetzt ist endlich die Zeit reif für die PIWI-Weine. Das zeigen neue Studien über Nachhaltigkeit bei der Weinherstellung. Der neue Einkäufer bei Coop, **Herr Güntensperger** und der Kellermeister **Herr Dahm**, haben sich gut über meine PIWI-Sorten informiert und mit dem ganzen Weinteam degustiert.
Die schöne Fruchtigkeit hat den Sachverständigen sehr gefallen. Nun darf ich wirklich eine sehr große Menge liefern. Herr Güntensperger ist es zu verdanken, dass wir die regionale Nische mit PIWI-Wein in der Schweiz ausdehnen können.
Zusammen mit Roland Lenz und Bruno Martin haben wir die Serie mit dem Namen »Naturtalent« geschaffen. Heute sind es viele Flaschen, mit denen wir die Botschaft der PIWI-Sorten auf verschiedenen Verkaufskanälen in die Welt hinaussenden.
Eine wichtige Botschaft dabei ist: Sie sind klimaschonend hergestellt, denn bei den Rebsorten mit natürlicher Abwehrkraft entfallen viele Pflanzenschutzfahrten.
Wir senken den CO_2-Ausstoß allein auf unserem kleinen Weingut pro Jahr um 3 t.
Mit biologisch-dynamischer Pflege stärken wir Boden, Pflanzen und Tierwelt, selbstverständlich auch die Trauben und den Wein.

TRÄUMT EINER
ALLEIN, IST ES
EIN TRAUM.
TRÄUMEN ES
VIELE GEMEINSAM,
IST ES DER
ANFANG VON
ETWAS NEUEM.

Aus Brasilien

DANK AN DIE WEGBEGLEITER

Dieses Gedicht zeigt, wie wichtig dir immer die Menschen waren, die dich auf deinem Weg zum natürlichen Weinbau begleiteten; deine Familie, deine Biobauern- und Biowinzerkollegen, deine Vorbilder und Lehrer.
Da kann ich dir viel erzählen! Ich beginne gleich mit dem Vater der PIWI-Bewegung, der auch schon vorher im Text erwähnt wurde; d.h. mit **Pierre Basler**, dem Sortenspezialist, Wissenschaftler und Forscher bei der landwirtschaftlichen Forschungsanstalt Agroscope in Wädenswil. Er hat mir mit seiner Arbeit, seinem Rat, seiner tatkräftigen Unterstützung den Lebensweg zu den pilzresistenten Rebsorten geöffnet. Pierre Basler hat in Wädenswil u.a. pilzresistente Sorten angepflanzt und studiert. Er hat uns dank einer Sondergenehmigung die Möglichkeit eröffnet, PIWI-Reben anzubauen. Wann immer mir und meinen PIWI-Reben großer Widerstand entgegenkam, war er mit Rat und Tat zur Stelle. Er schrieb Gutachten, Artikel, hat auf ruhige, geschickte Art die Gegner informiert, Streit geschlichtet. Er hat ein Buch über die PIWI-Sorten und ihre Geschichte geschrieben. Ich bin ihm zu großem Dank verpflichtet, ich bewundere sein Lebenswerk.

Guido Lenz war der mutigste und risikofreudigste Pionier im ökologischen Weinbau. Bei ihm habe ich die ersten Pflanzungen von resistenten Rebsorten, noch als Versuchsanlagen, kennengelernt. Er war visionär und hat mich beflügelt, auch PIWI-Sorten zu pflanzen. Wir haben als Freunde viel PIWI-Entwicklung zusammen betrieben. Unsere ersten Weine vermarkteten wir unter dem Namen Compaviva, gestalteten Degustationen dieser Weine als kleine Feste. Diese waren auch informative Zusammenkünfte für interessierte und ökologisch denkende Weinkenner und Winzer.

Wäre da nicht der bewegende Biobauer und Politiker namens **Andrea Hämmerle** aus dem ziemlich weit entfernten Domleschg in den Bergen von Graubünden in meinem Biokurs an die zürcherische Landwirtschaftsschule Strickhof gekommen, wäre es vielleicht nicht so schnell gegangen mit der Legalisierung der pilzresistenten Rebsorten in der Schweiz. Er hat das Kunststück hingekriegt, die Fäden im Bundeshaus in Bern so zu ziehen, dass nach einem Jahr die per Gesetz vorgeschriebene, also zwingende Rebsorten-Liste, abgeschafft wurde. So hat er uns Winzern in der Schweiz den Weg geebnet, dass wir frei sind in der Sortenwahl und als grüne Unternehmer tätig sein können.

René Günthard mit seiner Biocave in Miège, VS, war mir ein kompetenter Ratgeber. Er war kein PIWI-Fan, aber ein toller Kollege an meiner Seite, der im Wallis biologischen Weinbau betreibt. Er blieb den alten Sorten treu, was unter den besseren klimatischen Bedingungen im Wallis einfacher ist als bei uns im Zürcher Weinland. Er war dabei, als ein paar Winzer den Verein für biologischen Weinbau gründeten.

Hanspeter Baumann hat im Wallis die PIWI-Reben salonfähig gemacht. Der Familienbetrieb der Baumanns, die Weinhandlung Dorosio in Turtmann, produziert naturnahe Weine, klassische Weine der Region, aber auch solche aus pilzresistenten Sorten. Seiner Initiative ist es zu verdanken, dass es im Wallis einen sehr aktiven Verein von PIWI-Winzern gibt.

Bruno Bosshard und seine Frau **Esther Grimm** mit ihren Kindern sind nahe Freunde unserer Familie. Sie sind Quereinsteiger, kamen von der Kunst, und haben mit ganzem Herzen wunderschöne, unversehrte Rebberge am Walensee erschaffen. Sie setzen sich mit unglaublicher Ausdauer für die PIWI-Sorten ein, leben ihre Vision einer heileren Welt mit großer Freundschaftlichkeit. Bruno Bosshard nahm teil an meinen ersten Biokursen und war schon früh bei den Biomärkten in Frauenfeld dabei. Zu den Pionierzeiten der Biowinzer und der Anbauer pilzresistenter Sorten gab es bei Bruno Bosshard und Esther Grimm auf einem Walenseeschiff legendäre Wein-Degustationen. Die ganze Familie engagiert sich kulturell und sozial in der Walsensee-Gegend. Bruno Bosshard ist Mitbegründer und Vorstandsmitglied des internationalen PIWI-Verbandes. Sein Sohn Philipp und sein Neffe Matthias haben mittlerweile den Betrieb übernommen.

Valentin Blattner ist ein Züchtergenie. Seine ehemalige Frau **Silvia Blattner** ist gesegnet mit einem grünen Daumen, führt genau Buch über die Sorten, in dicken Heften, noch ohne Computer. Sie lebt wieder auf dem gemeinsamen Hof und pflegt einen eigenen, wunderschön gelegenen Weinberg am Fuß der Roc du Courroux. Einen ihrer Weine hat sie »Ravel« getauft, wie den Komponisten, wie sie stolz beifügt. Valentin ist ein unerschrockener Pionier, ein Tüftler, ein Wissenschaftler, der bedauert, dass nicht ganzheitlicher und mit größerem Überblick geforscht wird. Ein wichtiges Motiv für sein Tun ist heute immer noch die Sorge um die Natur, denn seine Erfahrungen bei Ciba Geigy in Afrika haben ihn geprägt. Was dort mit Chemikalien getrieben wurde, hat ihn zu lebenslangem Widerstand politisiert. Man hat dort von Flugzeugen aus die Spritzmittel über die Köpfe der Menschen gesprüht.

Marco Klurfeld, auch er ein Mitkämpfer der ersten Stunde, kommt das Verdienst zu, die PIWI-Reben im niederschlagsreichen Tessin bekannt gemacht zu haben. Er produzierte hauptsächlich Traubensaft und nur wenig Wein, der deutlich nach den Americano-Weintrauben schmeckte und von einer Liebhabergruppe sehr geschätzt wurde. Er war immer dabei an unseren Zusammenkünften.

Ebenfalls ein Urgestein der PIWI-Bewegung ist **Edy Geiger.** Er hat ganz früh 'Maréchal Foch' angepflanzt und immer wieder Goldmedaillen gewonnen mit seinem Wein. Mutig schrieb er einen Fachartikel zu dieser Sorte und hat damit wieder ein paar Traditionalisten in der Weinszene der Schweiz aus dem Busch geklopft. Unermüdlich ist er in unserem neuen deutschschweizer PIWI-Verein im Vorstand dabei.

Philipp Borioli, mit seiner Rebschule in Bevaix, ist der Grandseigneur unter den Anhängern der pilzresistenten Sorten. Er ist ein echter, richtig grüner Unternehmer, der sich mit viel Einsatz, ohne finanzielle Sicherheit für einen besseren Weinbau engagiert. Wenn alle bedauern, dass Pierre Basler und seine neutrale Forscherposition keinen Nachfolger gefunden hat, dann denke ich mir, dass Philipp Borioli mit seinem charismatischen und doch zurückhaltenden Charakter eine ähnliche Wirkung auf uns Winzer hat, auch wenn er nicht dessen neutrale Forscherposition einnehmen kann. Er vermehrt die verschiedenen Rebsorten schon vom Sämling an, also die neuen Züchtungen von Valentin Blattner, bis hin zu jenen, die er verkaufen kann. Für mich ist er ein verlässlicher Kollege, nebst dem, dass ich großen Respekt vor seinen Kenntnissen, seiner Beobachtungsgabe, seiner Erfahrung und seiner immensen Arbeit habe. In Gesprächen muss ich immer wieder über seine genialen Erklärungen schmunzeln. Wir haben etwas gemeinsam: Philipp wäre gerne Lehrer geworden, ich bin es.

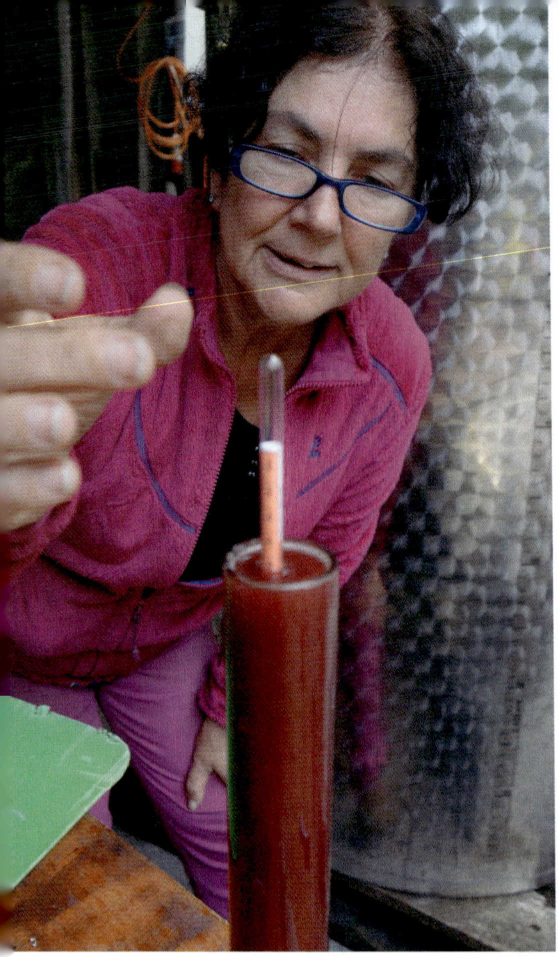

So, nun kommen wir zu deiner Familie.
Ja, wohl das längste Kapitel in meinem Leben, meine Familie verdient den größten Dank! Das beginnt mit meinem **Vater**. Ich habe es immer ganz besonders geschätzt, dass er mich tatkräftig im Biolandbau unterstützt hat, obwohl er doch lange Zeit von einer konventionellen Landwirtschaft geprägt worden war. Er hat mir viel geholfen, er hat sehr viel Erfahrung. Unglaublich, was alte Hasen können! So hat er beispielsweise mir und meinen drei Pferden noch im hohen Alter von 90 Jahren das Kutschenfahren beigebracht!

Meine **Mutter**, die leider schon gestorben ist, war immer fleißig und unermüdlich in den Reben. Ihre Beschwerden bei der Arbeit im chemisch behandelten Rebberg waren für mich ein wichtiger Anstoß, das Spritzen zu überdenken.

Maria Coray ist meine Gefährtin seit meiner Studienzeit, meine Ehefrau und die Mutter unserer vier Kinder. Sie kommt aus den Bergen von Graubünden, aus Ruschein, wuchs in Ilanz auf, und ist gelernte Chemielaborantin. Zusätzlich ließ sie sich in Tropenlandwirtschaft ausbilden, um in die Entwicklungshilfe gehen zu können.
Sie liebt Tiere, Blumen und die Natur, hätte sich auch vorstellen können, im Bündnerland auf einer Alp zu bleiben. Seit vielen Jahren vertrat und vertritt sie mich im Weinberg, wenn ich außer Haus zur Arbeit gehe. Zum Glück durfte sie als Jugendliche bei der Ems Chemie eine Lehre machen und dadurch etwas Zugang zur Männerwelt erhalten. Ich habe ihr, oder besser gesagt, wir haben uns ein anstrengendes Leben zugemutet, viel Unsicherheiten und einen Haufen Arbeit. Als die Kinder noch klein waren, kamen diese mit auf den Rebberg, schliefen und spielten in einem Bauwagen. Maria konnte mit dieser Doppelbelastung scheinbar locker umgehen. Ich habe sie dafür bewundert, aber ich weiß, dass es für sie alles andere als einfach war. Ihre beiden Eltern haben ihr viel geholfen mit den Kindern. Schwierig findet sie im Nachhinein, dass sie oft allein die Mitarbeiter, die nicht Deutsch konnten, anleiten und betreuen musste, neben den vier Kindern und dem Haushalt. Sie fand es unerlässlich, ein eigenes Haus zu haben und verschönert nun auch wieder in Oberstammheim unser neues Zuhause, die Bergtrotte. Die Arbeit zu Hause bei den Reben teilt sie sich seit einiger Zeit mit unseren Söhnen Andri und Ursin, mit unserem treuen, langjährigen Mitarbeiter **Pavel Prokop** und seiner Frau **Ilona**.

Andri Strasser, unser ältester Sohn, pflegt als gelernter Winzer unseren Rebberg. Er beherrscht auch den ganzen Prozess der Weinherstellung, obwohl er als Winzer die Arbeiten im Keller nicht speziell in der Schule gelernt hat. Diese Trennung der Berufe Winzer versus Önologe gehört mehr zum Welschland, wo die Rebbauern viel größere Mengen zu verarbeiten haben als bei uns. In der Deutschschweiz ist die Selbstkelterung verbreiteter, Andri schätzt das an unserem Betrieb. Er liebt die besonderen Momente, die Naturphänomene, das Wetter im Rebberg, er bevorzugt die Arbeiten draußen, auch bei Kälte. Er mag die Rebe, sieht ihr im Jahresablauf gerne zu und freut sich natürlich, wenn sie möglichst ohne Spritzerei gesund bleibt.

Flurina Strasser ist unser zweites Kind. Sie hat eine anspruchsvolle Stelle als Volkswirtin bei der Nationalbank, lebt mit ihrem Mann in unserem ehemaligen Familienhaus in Unterstammheim. Den Landwirtschaftskurs bei mir am Strickhof, den sie mit Leichtigkeit bestand, berechtigt sie, einen landwirtschaftlichen Betrieb zu führen. Ihre Diplomarbeit schrieb sie über den familieneigenen Betrieb. Auch sie hätte alle nötigen Qualifikationen, den Betrieb zu übernehmen. Für sie waren die Arbeiten im Rebberg erwünschte Ferienjobs, die Sackgeld einbrachten oder für eine

Trampolinanlage sorgten. Sie erinnert sich an schwächliche 'Blauburgunder'-Reben, die früh faulten auf dem alten Rebberg in Nussbaumen. Sie hat schon damals den großen Unterschied zu den vital wachsenden Sorten wie 'Léon Millot' oder 'Cabernet Jura' bemerkt. Sie ist mit Begeisterung bei unserem Hobby, den Pferden, engagiert, reitet mit uns aus und hilft bei der Pflege.

Ursin Strasser hat dank seiner kaufmännischen Ausbildung nebst Mithilfe auf dem Hof vor allem administrative Arbeiten übernommen.

Marius Strasser, der jüngste Sohn, hat einen technischen Beruf erlernt und ist auch mit dem Hof verbunden und arbeitet, wenn nötig oder möglich, kurzfristig mit. Bei Degustationen hilft die ganze Familie.

Es gehört zum Biolandbau, dass wir immer wieder etwas austüfteln müssen oder plötzlich dringend Hilfe brauchen. Muss an einer Maschine etwas verbessert werden, meistens am späten Abend, ist mein ideenreicher Schwager **Hanspeter Hagen**, oft zusammen mit seiner Frau, also meiner Schwester **Rosmarie Hagen**, zur Stelle.

War Maria nicht die erste Präsidentin des Vereins der PIWI-Winzer?
Ja, genau, an der Gründungsversammlung des Vereines PIWI-International 1999 hatte Pierre Basler das Tagespräsidium. Die Anwesenden kürten Maria dann zur ersten Präsidentin und ganz fleißig hat sie mitgeholfen, diesen Verein, der heute über 500 Mitglieder aus ganz Europa zählt, aufzubauen. Und beim Umbau des Weinbergs Chorb in Rheinau musste sie mich bei einer Gemeindeversammlung vertreten. Als es zu schwierig wurde im Fintan-Gebilde in Rheinau, hat sie ein eigenes berufliches Standbein außer Haus gefunden, im Labor eines Geologie-Professors als dessen rechte Hand. Sie freut sich heute über den Zuwachs an Tieren auf unserem schönen neuen Hof in Oberstammheim, für dessen Kauf sie viel mutiger war als ich. Sie ist diejenige, die rechnet und aufpasst, dass es mit den Finanzen stimmt, aber sie ist dabei lebensfroh und optimistisch. Sie kann bauen und umbauen und tut das für ihr Leben gern. Das hat sie vom Vater, den sie schon früh auf Baustellen begleiten durfte. Sie hat Freude an unseren Weinen, ist sehr präsent und organisierend bei der Weinlese. Als wir uns kennenlernten, fragte sie mich einmal, wie die Frau sein müsste, die zu mir passe, und ich antwortete ihr: »eine, mit der ich Pferde stehlen kann«. Dass wir das konnten, hat sich auf vielfältigste Weise in unserem Leben bestätigt; am schönsten allerdings jetzt bei unserem Altershobby: Wir haben Tinker-Pferde gekauft, die wir reiten und denen wir das Kutschenfahren beibringen. Ich kenne das schon aus meiner Kinderzeit, mein Vater hatte immer Pferde, aber Maria hat sich in kurzer Zeit ein unglaubliches Verständnis für diese Tiere angeeignet.

Du warst ja auch oft im Ausland auf Weinreisen, der PIWI Verein ist international. Hast du dabei Menschen kennengelernt, die dich beeindruckten?
Ja, genau, da lernte ich Menschen aus anderen Ländern kennen. Einer davon, **Matthias Wolff**, hat sich mir besonders eingeprägt, ein Bioweinbauberater aus dem süddeutschen Raum. Er hatte ein reiches Praxiswissen, kannte sein Fach von der Pike auf. Er kannte verschiedene Betriebe, war in Italien. Sein reiches Praxiswissen verband er mit einem angenehm pragmatischen Vorgehen. Seit Ende der 1990er-Jahre trafen wir uns immer wieder an Tagungen. Da erlebte ich mit ihm ein kollegiales Nebeneinander und einen wunderbaren Austausch. Matthias Wolff war der zweite Präsident des internationalen PIWI-Vereins. Er hat schon früh auf der Intervitis, einer großen Weinmesse in Stuttgart, PIWI-Weine gezeigt. Es freut mich zu hören, wie sein Einsatz zu immer mehr Erfolg führt. Auf der letzten Intervitis Messe sei der PIWI-Stand überrannt worden. Alle wollen PIWI- Weine probieren! Leider ist Mathias nach einem Unfall nicht mehr gesund geworden und nicht mehr unter uns.

Nun hast du ja auch viel für den Biolandbau in Institutionen gearbeitet. Wer hat dich auf diesem Weg unterstützt?
Ja, der Weg durch die Institutionen war kein einfacher. Ich war oft ein Einzelkämpfer. Erwähnen möchte ich zuerst Kollegen an der kantonalen, landwirtschaftlichen Schule Strickhof: **Gabriel Popow**, den Leiter der Pflanzenschutzstelle, auch er ein der Natur verpflichteter Visionär. Bio war für ihn schon in den 1980er-Jahren so wichtig, dass er die entsprechende Lehrerstelle am Strickhof durchsetzte. Er war dann mein Berater, oft deckte er mir im Lehrerkonvent den Rücken. **Laurenz Müller**, der Direktor an der Schule war sehr offen für Neues, ließ sich von guten Argumenten für die Schule überzeugen. Wir haben zusammen den Unterricht zum Biolandbau entwickelt. Er hatte die vornehme Art eines guten Vorgesetzten, denn er unterstützte initiative, kreative Leute und ließ uns auch einfach vorpreschen und anpacken.

Eine wichtige Rolle hat in deinem Leben ja auch das Forschungsinstitut für biologischen Landbau (FiBL) gespielt?
Im Versuchsrebberg in Walenstadt von Agroscope hat uns mein Agronomiekollege **Urs Niggli** die Versuche mit Begrünungen gezeigt. Wenig später durfte ich ihm zur Wahl als Direktor des Forschungsinstitutes für biologischen Landbau in der Schweiz gratulieren. Seine Zuneigung zum Bioweinbau hat er dort beibehalten: Das FiBL hat heute einen eigenen Rebberg und eine eigene Kellerei. Als ich als erster staatlicher Bioberater an die landwirtschaftliche Schule Strickhof kam, waren am privaten Forschungsinstitut für Biolandbau gerade mal acht Kollegen tätig. Es ist dem unglaublichen Vorwärtsdrang von Urs Niggli zu verdanken, dass heute über 240 Personen dort für den Biolandbau forschen, ein Quantensprung! Eine Professur an der ETH Zürich wäre mehr als überfällig und hätte seine große Fachkompetenz für die Agronomiestudenten nutzbar gemacht!

Andreas Häseli ist der Experte im Bioweinbau am FiBL. Wir haben mit jugendlichem Übermut in den Ferien Bioweinbaubetriebe in der ganzen Schweiz besucht. Andi hat jedes Jahr eine sehr gut besuchte Bioweinbautagung organisiert und wir haben viel zusammen entwickelt, auch in der Fachgruppe des Biodachverbands Biosuisse. Er hat den Teil Pflanzenschutz in diesem Buch gegengelesen, lieben Dank.

Otto Schmid, der war doch dein erster Bioberaterkollege?
Ja, genau. **Otto Schmid** hat mich bei meinen ersten Beratungen unterstützt, war mir ein Mentor, er hat am Forschungsinstitut für biologischen Landbau als erster Bioberater gearbeitet. Zusammen haben wir unzählige Aktivitäten in der Biolandbauentwicklung aufgebaut und sogar das erste Lehrmittel für Biolandbau für die Landwirtschaftsschulen geschrieben. Später hat er die Gründung des Biowinzervereins vorangetrieben.

Im Studium habe ich **Jakob Rohrer** als Student eines oberen Semesters kennengelernt. Er hat zuerst eine der ersten biologischen Gemüsebaugenossenschaften, die Agrico nahe Basel, geleitet. Nach dem ich ein paar Jahre am Strickhof war, hat ihn die kantonale Landwirtschaftsschule Arenenberg im Thurgau als Bioberater geholt. So hatte ich im Nachbarkanton plötzlich einen Partner. Wir haben für Unterricht und Kurse viel zusammengearbeitet und tun dies bis heute. Bei meinen Kaufabsichten des Weingutes Stammerberg war er ganz Feuer und Flamme für die Möglichkeit, noch mehr PIWI-Rebfläche zu entwickeln.

Martin Ott habe ich gemäß meiner Erinnerung zum ersten Mal auf seinem Hof in Bäretswil besucht. Er wollte sich über irgendetwas mit mir beraten. Später war ich dabei, als er die Bauern in der Gegend von Bäretswil dazu bringen wollte, auf Bio-Milch umzustellen und eine entsprechende Käserei einzurichten. Ich war bei ihm im Stall, als gemolken wurde, habe seine Begabung im Umgang mit Menschen mit einer Beeinträchtigung erlebt. Wir haben immer wieder irgendwo irgendetwas zusammen gemacht und erlebt. Später, als es um die Reben in Rheinau ging, also die totale Umstellung des großen Rebberges Chorb, kam er mit seiner Frau Annigna auf mich und Maria zu. Er ist ein Fachmann, ein Kämpfer. Martin Ott ist jemand, der große Dinge bewegen kann, der Geschichten in die Welt setzt und Realitäten schafft. Vor ein paar Jahren hat er die Schule für biodynamische Landwirtschaft in Rheinau gegründet. An dieser Schule unterrichte ich das ganze Thema »Biopflanzenbau«.

Wenn einer den Mut auch im ärgsten Sturm nicht verloren hat, dann ist das **Ernst Frischknecht**. Er ist ein gescheiter Biobauer, eine Führungskraft, ein Visionär, der als erster Stiftungspräsident von Fintan in Rheinau sich wie ein Fels hinter meine Idee stellte, diesen großen Rebberg Chorb zu einem Symbol für natürlichen Weinbau umzugestalten.

Bei meinem guten Bioweinbaukameraden **Kurt Huwiler** konnte ich die schönen Steinmauern, seine liebevoll gepflegten wilden Terrassenböschungen in seinem PIWI-Rebberg bewundern und wurde bekannt gemacht mit dem Projektleiter **Mathias Villiger** von BirdLife Zürich. Durch ihn hat sich bei uns noch einmal ein neues Lernfeld aufgetan: die Ornithologie und die Biologie besser in die Agronomie des Bioweinbaues einzubringen. Tüchtig, engagiert und sehr kompetent hat er uns geholfen, so richtig lebendige Rebberge zu erschaffen.

Jürg Strauss, einen jungen Biobauern, Winzer und Önologe aus Altikon möchte ich in dieser Runde ebenfalls gerne erwähnen. Jürg arbeitet auf dem Betrieb seines Vaters mit Ackerbau und Reben, die er selbst keltert. Er ist mein Nachfolger in der Fachgruppe Bioweinbau von BioSuisse. Er ist der Natur sehr verbunden, setzt sich dafür ein, dass aus der Einfalt wieder Vielfalt wird, pflanzt Beeren und Apfelbäume zu seinen Reben, beschäftigt sich mit Permakultur und hat den Mut, ganz auf pilzresistente Sorten zu setzen, und dabei auch noch konsequente Dinge zu tun, wie z.B. die Sorte 'Regent' wieder zu roden, weil sie sich als zu wenig resistent erweist. Er repräsentiert die neue Generation, die unsere Vorarbeit mit viel Energie übernimmt.

Wie war das für dich, so als Berater für biologischen Landbau tätig zu sein, damals in einer Zeit, als noch kaum jemand ensthaft darüber sprach? Hast du dich wohlgefühlt?

Ganz wichtig waren mir meine Biobauernkolleginnen und -kollegen. Wir waren wie eine Familie. In jeder Region des Kantons Zürich habe ich Arbeitsgruppen aufgebaut, sogenannte Bioringe. Wir haben uns getroffen, alle haben sich gut gekannt und wir haben Ideen, Maschinen und Erfahrungen ausgetauscht. Das war eigentlich meine Basis, darauf hatte ich festen Halt, als Person und für meine Arbeit. Sie hatten den Mut, etwas zu tun, was andere belächelten, sie haben dem Biolandbau die Grundlage für die heutige Entwicklung gegeben. Es ist eine tolle Sache, wenn ich diese Menschen wiedersehe.

Hast du noch einen ganz aktuellen Berufspartner?

Ja, sogar zwei, **Karin und Roland Lenz**. »Ich hätte nicht zu träumen gewagt«, möchte ich ihnen sagen: »als ich beide vor Jahrzehnten in ihrer ersten PIWI-Parzelle besuchte, dass aus ihrer enormen Schaffenskraft, ihrer Überzeugung für die Natur ganz in meiner Nähe ihr heute größter PIWI-Betrieb der Schweiz entstehen würde. Schön, so in der Nähe mit Gleichgesinnten zusammen zu arbeiten«. Ich kenne

keinen biologischen Weinbaubetrieb, der so viel für eine nachhaltige Bewirtschaftung macht. Und nun haben wir zusammen die Schweizer Sektion des Internationalen Vereines für pilzwiderstandsfähige Rebsorten gegründet und mit Bruno Martin die Firma Naturtalente Bioweine GmbH geschaffen.

Wie bist du eigentlich auf die Idee gekommen, dieses Buch zu schreiben?
Stephan Stutz, ein Freund und ehemaliger Schüler von mir, hat mir bei einem »Höck« mit seiner Freundin **Michelle DeFalque** spontan und überzeugend zugerufen: »Fredi, jetzt schreib endlich ein Buch über all das viele, das du in den Reben erlebt hast«. Danke, Stefan, dass du mich angespornt hast, hier ist das Buch!
Doch manchmal haben wir daran gezweifelt, ob wir es schaffen. Doch **Werner Fessler** hat unsere Manuskripte gelesen und gesagt: »Dieses Buch muss raus, das ist eine wichtige Botschaft!« Unermüdlich hat er schon früh die Kapitel geordnet, ein tolles Probebuch gestaltet und uns damit viel Mut gemacht.

Manuela Schneider habe ich als Mitstudentin kennengelernt. Mit guten Ideen und tatkräftig im Rebberg hat sie uns immer wieder unterstützt. Unermüdlich hat sie die Korrektur des ganzen Buches gemacht. Danke für diesen großartigen Einsatz!

LEBENDIGE REBBERGE BRAUCHT DIESER BLAUE PLANET

In einem Naturrebberg stehen die Reben in üppiger Pracht. Jede Traubensorte mit natürlicher Abwehr gegen Pilzkrankheiten hat eine individuelle Geschichte, kann ohne künstliche Spritzmittel und Dünger aus eigener Kraft wachsen. Ihr Bedürfnis nach Licht und Wärme, Nahrung und Wasser ist unterschiedlich. Von ihrem Winzer sanft erzogen, stehen die Rebstöcke zu zweit beisammen in den Reihen mit großem Abstand zwischen den Reihen inmitten einer bunten Wiese. Sie wurzeln in weichem, krümeligem Boden, sind unterirdisch in Gesellschaft eines ganzen Universums von Winzlingen. Oben strecken sie sich zur Sonne und werden von Bienen und Schmetterlingen besucht.

Solche Reben erfreuen den Betrachter zuerst mit ihrer grünen, prallen Schönheit, später verdreht der Duft ihrer Früchte ihm den Kopf, zuletzt übergeben sie dem Winzer ihre zahlreichen, runden und gesunden Beeren, damit er daraus zur richtigen Zeit den Saft pressen kann. Diesen Saft lässt er in Ruhe gären, pflegt ihn sorgfältig, etwas zaubern gehört dazu. Der Saft lockt Genießer und Käufer an, die der Winzerfamilie zu einem Auskommen verhelfen, ihr ermöglichen, die Reben auch in den folgenden Jahren zu pflegen. Bewachsen mit verschiedenen anderen Pflanzenarten, belebt durch Tiere entsteht ein Rebberg, dessen Boden fruchtbar bleibt, dessen Humusschicht sich vermehrt.

Vögel fühlen sich so wohl, dass sie zwischen den Blättern der Reben nisten, Vogelkundler dazu verführen, Trockenmauern im Rebberg zu bauen. Rehkitze werden von den Rehmüttern ins dichte Gras zwischen ihre Reihen gelegt und der Fuchs zeigt dem Winzer, dass er sich im hohen Gras unbeobachtet fühlt. Weinbergweidegänse spielen schnatternd Rasenmäher, die kleinen Shetty-Ponies ersetzen das Mulchgerät, die bretonischen Zwergschafe weiden auch im Sommer in den Reben. Aus dieser Idylle entspringen wahrlich naturbelassene Tropfen und lassen uns in gutgelaunter Runde den Schweiß der Arbeit vergessen und die naturgegebene Weinkultur genießen.

Visionen und Träume müssen Wegweiser für Pioniere sein, um diesem Ideal näherzukommen, Tatkraft und Mut brauchte es, zudem immer wieder Ausdauer und Bereitschaft zum Risiko.

SCHLUSSGEDANKEN
ALLES IST MITEINANDER VERBUNDEN, DIE WELTEN SIND NICHT KLAR ABGEGRENZT

Bei der Betrachtung von neu erforschten Naturzusammenhängen staune ich immer wieder. Ich frage mich dabei, wo denn die Grenzen zwischen den verschiedenen Lebensreichen in dieser Welt sind. Wie ist es möglich, dass sich Bakterien und Pflanzen gegenseitig Gene aktivieren und die beteiligten Lebewesen sogar ihren Körper umbauen und den Stoffwechsel anpassen? Wenn wir dann noch das Leghämoglobin in der Leguminosenpflanze genau anschauen, stellen wir fest, dass dieses dem Bluthämoglobin der weitentwickelten Tierwelt extrem ähnlich ist. Es enthält auch Eisen zur Regelung des Sauerstofftransportes, deshalb sind die Knöllchen an den Leguminosenwurzeln im Inneren oft rot gefärbt, genau wie unser Blut. Auch bei uns muss der Sauerstoff bei der Atmung ganz gezielt aufgenommen und an Eisen gebunden, sozusagen geschützt transportiert werden. Denn er soll durch Oxidation der energiereichen Nahrungsbestandteile, insbesondere der Kohlenhydrate, die darin gespeicherte Energie freisetzen und dabei nicht aggressiv auf andere Stoffe unseres Körpers wirken. Somit sind wir bei der Frage: Wo ist die Grenze zwischen der Welt der Mikroorganismen, dem Pflanzenreich und dem Tierreich?

Zudem zeigt die Symbiose der Mykorrhiza-Pilze mit den Pflanzenwurzeln und ihrer Fähigkeit, Mineralstoffe aus dem festen Boden herauszulösen, sogar die enge Verbindung von Mineralienwelt zur lebendigen Welt auf. Bedenken wir dazu noch, dass die Pflanze aus dem Kosmos, nämlich dem Sonnenlicht ihre Energie bezieht. Mit dieser einzigartigen Höchstleistung der Fotosynthese kann die Pflanzenwelt die anderen Lebenswelten ernähren und den Energiefluss durch die Atmung ermöglichen. Damit sind wir wiederum mit der Welt der Gase und der Flüssigkeiten verbunden.

Können wir diese intensive Vernetzung aller Welten unseres Daseins vielleicht als das Wunder des Lebens betrachten, dass wir nämlich von der Mineralienwelt zu den einfach gebauten und bis hin zu den hochkomplex entwickelten Lebewesen, immer wieder gleiche oder sehr ähnliche Vorgänge und Baupläne entdecken? Gerade aus solchen, auch aus exakter wissenschaftlicher Forschung entstandenen Beobachtungen, resultiert für mich als Biobauer ein großer Respekt vor den wunderbaren Lebensprozessen der Natur. Begegnen wir ihnen mit Achtung und Würde.

TEIL 4 ANHANG

KURZSTECKBRIEF PIWI-BIOWEINGUT STRASSER STAMMERBERG

Der Betrieb liegt im Norden der Schweiz im Großraum des Bodensees, südlich von Stein am Rhein, westlich von Schaffhausen. Die Gletscher der letzten Eiszeit vor rund 10 000 Jahren haben bei ihrer Ausdehnung von den Alpen her im Bodenseeraum eine Biegung nach Westen vollzogen und so die schönen Südhänge für den Weinbau geschaffen. Auf diesen Südhängen sind vorwiegend mittelschwere Braunerden entstanden. Die Jahresniederschläge liegen bei rund 800 mm, wobei im Sommer doch einige Wochen Trockenheit herrschen kann. Unser Gebiet ist oft im Einfluss des warmen Südwinds, Föhn genannt, vom Westen aus dem Atlantik werden Regenstörungen zu uns verfrachtet und ab und zu kühlt der Nordostwind, Bise genannt, unsere Gegend spürbar ab.

Wir bewirtschaften rund 12 Hektaren, wovon rund 8 Hektaren Reben, 1,3 Hektar rebfähige Weide, 1,6 Hektar Extensivweiden, 0,25 Hektar Obstanlage, 0,85 Hektar Hecken sind. Rund 0,3 Hektar Reben sind als Kleinterrassen ausgestaltet. Wir halten 6 Pferde, 2 Mini-Shettlandponys, 30 bis 40 Onessant-Schafe und 10 Hühner. Unter unseren Bäumen hält ein Freund etwa 20 Gänse und Enten sowie etwa 30 Hühner. Der Pferdemist wird in einer Schnellrotte vorkompostiert und dann als Flächenrotte unter den Rebstöcken ausgebracht. In den Junganlagen werden die Fahrgassen jeweils mit einer sehr vielfältigen Gründüngung mit Luzerne angesät. Die Luzernebegrünung wird bei Bedarf, oft erst nach vielen Jahren, in jeder zweiten Fahrgasse erneuert. Die Fahrgassen sind 2,5 m breit, der Stockabstand in der Rebzeile beträgt 1,5 m, wobei immer zwei Rebstöcke als Doppelstöcke gepflanzt sind, also beträgt der Besatz 5000 Reben pro Hektare. Die Stöcke werden auf etwa 1,2 m Höhe erzogen, der oberste Draht ist auf 2,1 m Höhe, die Laubwand erreicht etwa 2,6 m.

Der Sortenspiegel der weißen Trauben ist etwa wie folgt: 0,7 ha 'Solaris', 0,4 ha 'Seyval Blanc', 0,2 ha 'Bianca', 0,1 ha 'Excelsior'. Die roten Sorten stehen auf etwa folgenden Flächen: 2,4 ha 'Cabernet Jura', 1,2 ha 'Léon Millot', 1,2 ha 'Maréchal Foch', 0,9 ha 'Muscat Bleu', 0,4 ha 'CAL 1–28', 0,1 ha 'Chancellor', 0,4 ha Versuchssorten ('Monarch', 'Cabernet Cortis', 'CAL 1–20', 'CAL 1–22' und aus der Serie LAC1–02 die drei Linien: 11–12/11–17/05–35 sowie VB 05–A–100).

DAS JAHR IM BIOLOGISCHEN WEINBAU MIT PILZRESISTENTEN TRAUBENSORTEN

Wenn wir das Kalenderjahr als Wegweiser nehmen, so entspricht der Jahresverlauf nicht ganz der Vegetation. Also beginnen wir im Frühling. Schon sind die Reben geschnitten, das Schnittholz zerkleinert und die fruchttragenden Ruten angebunden. Nun beginnt der Austrieb. Noch ragen die Frostreserveruten vom Stock in die Höhe. Auch der Unterwuchs ist schon im Wachstum, schon blühen die ganz frühen, ersten Pflanzen wie Traubenhyazinthe und Milchstern, sofern diese noch vorhanden sind. Es folgen die Blüten von Taubnessel oder Löwenzahn, die Gräser sprießen kräftig. Nun werden Steillagen mit den Schafen beweidet und die ersten Fahrgassen werden dort gemäht, wo die Rebe schwach wächst, aber immer nur jede zweite Fahrgasse, damit Blütenpflanzen für Nützlinge weiterwachsen können.
Ist die Frostgefahr im April bis in den Mai hinein vorüber, werden die schon getriebenen Frostreserven abgeschnitten. Wenn die Begrünung in der bereits gemähten Fahrgasse wieder nachgewachsen ist und genug Unterschlupf und Nahrung für Nützlinge bietet, kann die jeweils andere Fahrgasse geschnitten werden. Zugleich werden doppelt ausgetriebene Augen an den Fruchtruten entfernt und die ersten kleinen Blättchen weggenommen zur besseren Durchlüftung. In dieser Phase wird auch mal eine Bodenbearbeitung unter den Stöcken oder in jeder zweiten Fahrgasse durchgeführt und werden anschließend Leguminosen angesät. Damit wird das Wachstum der Reben gefördert und die Begrünung erneuert. Dann wächst die Rebe zügig, ihre Schosse werden nun in die Drähte der Rebanlage eingeschlauft.
Im Juni blüht die Rebe, danach erreichen ihre Schosse den obersten Draht und werden abgeschnitten, damit sie später nicht hinunterkippen und damit mehr junge Geiztriebe entstehen. Je nach Witterung, Reblage und Widerstandskraft der Traubensorte ist vor und nach der Blüte biologischer Pflanzenschutz als Unterstützung gegen den Echten und Falschen Mehltau-Pilz notwendig. Die Trauben wachsen zügig, bei frühen Sorten wie 'Muscat Bleu' beginnen sich die Beeren schon im August zu verfärben. Sind zu viele Trauben am Stock, wird gegen Ende August noch ein wenig weggeschnitten und für Verjus verwendet. Gegen die Kirschessigfliege helfen entweder feinmaschige Netze oder das Ausbringen eines ganz feinen Gesteinsmehls. Nun muss die Kellerei blitzblank bereit sein: Schon anfangs September wird die weiße Sorte 'Solaris' und bald auch die rote Sorte 'Léon Millot' geerntet. Die weißen Trauben werden gepresst und als Saft vergoren, die roten Trauben gären an der Maische und werden erst danach gepresst. Das dauert bis Mitte Oktober. Die jungen Weine sind nun in den Tanks und die Gärhefe liegt abgestorben am Boden derselben. Der Wein wird umgezogen, also von der Hefe getrennt und

in die Fässer gefüllt. Nun reift er mit dem sogenannten biologischen Säureabbau weiter, wird im Winter filtriert und im Frühling abgefüllt. Zugleich werden die Reben geschnitten, die Drahtanlagen repariert und die Fruchtruten angebunden. Mit dem Erwachen des Unterwuchses und der Reben beginnt der Jahreskreis von Neuem.

BESCHREIBUNG DER PIWI-SORTEN IN UNSEREM BETRIEB

Unsere Erfahrungen stützen sich auf langjährige Beobachtung in den eigenen und in anderen Rebbergen. Bei den ersten Pflanzungen 1989 gab es erst sehr wenige Erfahrungen damit, trotzdem haben wir damals ohne viel Angst die verfügbaren alten Züchtungen gepflanzt. Rückblickend gehören sie noch heute zu den resistentesten Traubensorten, und dies, obwohl sie zum Teil schon vor weit über 100 Jahren gezüchtet wurden. Das spricht für ihre große und ungebrochene Widerstandskraft. Darum haben wir uns für gefährliche Steillagen aktuell nochmals für die »alten« Sorten wie 'Seyval Blanc', 'Maréchal Foch', 'Léon Millot' und 'Muscat Bleu' entschieden, bei gut befahrbaren Parzellen pflanzen wir aber auch Neuzüchtungen an. Falls deren Resistenz schwächer wird, sind dann dort Spritzfahrten machbar. Die Angaben basieren auf unserem Anbausystem mit breiten Reihen und hohen Stöcken, auf der Unterlage 5BB und mit relativ konkurrenzstarkem Unterwuchs mit extensivem Mulchen oder seltener Bodenbearbeitung.
Die angegebenen Austrieb- und Erntezeiten sind als ungefähre Werte zu verstehen, sie variieren von Jahr zu Jahr. Ebenso sind die angestrebten Mostgewichte und Hektarerträge stark vom Jahr und von der Bewirtschaftung abhängig.

WEISSE PILZWIDERSTANDSFÄHIGE TRAUBENSORTEN AUF UNSEREM BETRIEB

'SOLARIS'

Sie treibt mittelfrüh aus, weshalb wir schon mehrere Male Aprilfrostschäden an den frisch getriebenen Augen hatten. Sie ist frohwüchsig, macht sehr große Blätter und kräftige Schosse, welche aber recht wild in alle Richtungen wachsen. Sie erreicht jedoch den obersten Draht später als 'Muscat Bleu', weshalb wir sie auch erst gegen den Schluss aller Sorten kappen. Während der Blüte erscheint sie uns empfindlich auf Berührungen. Sie hat bei uns sehr große Ertragsschwankungen von einigen wenigen bis hin zu 10 t pro Hektar. Da wir verschiedene Böden in der gleichen Parzelle haben, scheint die Ursache nicht an schwachem, mittlerem oder übermäßigem Wuchs zu liegen. Wir vermuten vielmehr, dass sie hohe Temperaturen in der Blüte braucht. Ihre Resistenz ist recht gut, allerdings ist das junge Laub in der obersten Etage im August schon mal vom Falschen Mehltau-Pilz eliminiert worden. Nebst guter Reveratrolbildung basiert aber ein großer Teil ihrer Abwehrkraft auf der Bildung von Kallose in den Schließöffnungen, also den Atmungs- und Transpirationsorganen.
Wir haben beobachtet, dass sie Ende August nach einem schweren Angriff des Falschen Mehltau-Pilzes die Blätter und Trauben leicht welkend hängen ließ, weil vermutlich ihr Stoffwechsel durch die mit Kallose verstopften Atemöffnungen nicht mehr richtig funktioniert hat. Seither schützen wir sie mit einer schwach dosierten Kupferspritzung anfangs August. Von Botrytis wird sie nur leicht befallen, doch da sie meistens schon in der ersten Septemberwoche bei uns über 100 Grad Oechsle erreicht, ist dies kein Problem. Gegen Wespen schützen wir sie mit Hagelschutznetzen. Der frühe Erntezeitpunkt ist auch ein Schutz gegen KEF-Befall.
'Solaris' ergibt einen sehr schön nach Holderblüte duftenden Wein mit fruchtiger Aromatik. Damit der Wein nicht zu alkoholreich wird, stoppen wir die Gärung bei etwa 10 Grad Oechsle mittels Kühlstellen und verzichten auf den biologischen Säureabbau. So wird im Gaumen mit der frischen Säure als Gegenpol zur schmeichelnden Süße und dem kräftigen Alkoholgehalt eine wunderbare Spannung erzeugt.
'Solaris' ist eine tolle Sorte, trotz des Nachteils ihrer Ertragsschwankungen haben wir ihre Anbaufläche ausgedehnt.

'EXCELSIOR'

Diese Sorte treibt im mittleren Bereich aus, also hatten wir bisher keine starken Frostschäden. Dann wächst sie zügig, recht aufrecht und kann zur üblichen Zeit gekappt werden. Ihre Abwehrkraft, insbesondere gegen Falschen Mehltau, stufe ich nur im mittleren Bereich ein. Schwach dosierte Kupfer- und Schwefelspritzungen über die Blüte und in Gewitterphasen im Juli haben sich bewährt. Die langgezo-

gene, lockerbeerige Traube mit mittelgroßen Beeren kann dann aber doch plötzlich Botrytis zeigen. Deshalb erreichen wir meist kurz vor der Ernte von 'Seyval Blanc' Werte von knapp 80 Grad Oechsle, doch die Trauben sind dann reif und zeigen schön ausgeprägte, frische Zitrusaromen. Wir verwenden diese Sorte deshalb als tolle Cuvée-Partner im breiten, neutralen Wein von 'Seyval Blanc'.
Diese Sorte haben wir damals in den Anfängerjahren um 1990 ohne Kenntnis des Weines zur Probe gepflanzt. Mit der kleinen bestehenden Fläche passt sie so ohne weitere Ausdehnung nun gut in den Betrieb.

'SEYVAL BLANC'

Diese Sorte treibt spät im April aus und hat bisher die Frühlingsfröste gut überstanden. Allerdings ist sie anfangs dann sehr schwachwüchsig, auch auf der starken Unterlage 5BB, weshalb wir ihr fast jedes Jahr mit Unterstocklockerung und Mistkompost helfen müssen. Es kann sein, dass sie nach dem Austrieb vorerst richtig gelb ist, als ob sie den Stickstoff im noch kühleren Boden nicht aufnehmen kann. Wenn dann die Mineralisierung der Bodennährstoffe aus der frühen Bodenlockerung und dem eingearbeiteten Mistkompost einsetzt, erholt sie sich erstaunlich gut und wächst dann doch noch schön und einigermaßen aufrecht. Doch erreicht sie den obersten Draht auch etwas später, weshalb wir sie wie 'Solaris' später kappen. Sie trägt sehr große, recht kompakte Trauben mit starken Schultern und mittelgroßen Beeren. Kurzer Winterschnitt und Ertragsregulierung sind deshalb wichtig. Ihre Abwehrkraft gegen die beiden Mehltau-Pilze ist sehr gut, im Bereich von 'Maréchal Foch', 'Léon Millot' und 'Chancellor'. Doch gilt es auch bei 'Seyval Blanc' die Witterung über die Blütephase im Auge zu behalten, dann können Infektionen die kleinen Beeren zerstören, ohne dass sie uns dies vorher auf den Blättern angezeigt hat. Der Botrytis-Befall ist mittel, in regnerischem Herbst haben wir schon eine separate Vorlese durchgeführt, um Essigbildung zu verhindern, weil in den kompakten Partien vor allem in der Traubenmitte Botrytis-Befall auftrat. KEF-Befall ist uns bisher nicht aufgefallen, die Ernte ist im Bereich des 25. September aber auch noch vor der Populationsexplosion der KEF.
Die Beeren sind fleischig und etwas schwierig zu pressen. Wir ernten am frühen Morgen möglichst kühl, stellen die Trauben in den Lesekistchen 1–2 Tage in den Kühlraum bei 1° C und machen dann kalte Ganztraubenpressung, was Pressfähigkeit, Duft und Aromatik gegenüber dem Verfahren mit Abbeeren sehr verbessert hat. Erntet man bei 85 Grad Oechsle, ergibt sich ein frischer, schön fruchtiger Wein, der an einen fröhlichen Gutedel erinnert. Erreicht man sogar

95 Grad Oechsle, erinnert der Wein hingegen an einen sehr breiten, vollmundigen Gutedel. Wir ergänzen die Breite von 'Seyval Blanc' mit etwas Südfruchtfrische von 'Excelsior'. Die agronomischen Eigenschaften von 'Seyval Blanc' überzeugen uns aber immer noch, also haben wir die Fläche nochmals ausgedehnt.

'BIANCA'

In Ungarn erreicht diese Sorte oft weit über 100 Grad Oechsle, weshalb wir sie in die früheste Lage gepflanzt haben. Sie treibt etwa Mitte April aus und wächst zügig, recht aufrecht. Wir sind unsicher, ob sie während der Blüte hohe Temperaturen braucht, denn sie zeigt bei uns von Jahr zu Jahr große Ertragsschwankungen, das beste Ergebnis lag knapp über 10 t pro Hektare. Ihre Resistenz gegen die beiden Mehltau-Pilze ist mittelhoch, die etwas lockeren Trauben mit mäßig großen Beeren werden erst spät ein wenig von Botrytis befallen. Wir streben etwa 95 Grad Oechsle an. Auch bei Ganztraubenpressung zeigt die Sorte 'Bianca' eine für Weißweine etwas spezielle Eigenschaft, indem ein bisschen Gerbstoffe im Gaumen spürbar sind. Der Wein erinnert an reife Äpfel mit einem feinen Spätlesecharakter.

Wieder gerodete Sorten: 'PHOENIX', 'CAL 1-23' und 'RUDELIN BLANC'

'Phoenix' war gedacht als Ersatz für 'Müller-Thurgau'. Sie reift früh, aber erreicht nur wenig über 60 Grad Oechsle, dann platzen viele Beeren, werden von Insekten befallen und es entsteht viel Botrytis und Essig. Auch die Resistenz gegen Falschen Mehltau war viel zu schwach. Noch einige Jahre haben wir sie früh geerntet und zusammen mit dem gut färbenden 'Léon Millot' einen schönen, frischen und fruchtbetonten Traubensaft hergestellt.

'CAL 1-23' war zu wüchsig und hat vermutlich deshalb im Ertrag überhaupt nicht befriedigt, man müsste sie wahrscheinlich schon vor der Blüte unter dem obersten Draht kappen, was uns zu aufwendig war. Die Resistenz gegen die Mehltau-Pilze wäre gut gewesen, doch wurde sie selbst im sehr trockenen Jahr 2018 von Botrytis befallen.

'Rudelin Blanc' wurde uns irrtümlicherweise anstelle von 'Seyval Blanc' geliefert. Ihr Wuchs war schön, die Resistenz gegen die beiden Mehltau-Pilze und Botrytis war sehr gut, mit den großen Trauben erbrachte sie viel Ertrag, doch wurde sie auch bei Ertragsregulierung erst Ende Oktober reif und der Wein war uns zu säurebetont.

ROTE PILZWIDERSTANDSFÄHIGE TRAUBENSORTEN AUF UNSEREM BETRIEB

'LÉON MILLOT'

Sie ist die Schwester von 'Maréchal Foch' und in vielen Eigenschaften fast gleich (Beschreibung vgl. unten bei 'Maréchal Foch'). Die Reife ist etwa um den 20. September, der Wein ist fruchtbetont und geschmeidig, an Brombeere erinnernd. Die Resistenz gegen die beiden Mehltau-Pilze ist hoch, etwas niedriger als bei 'Maréchal Foch', insbesondere in der Phase von der Blüte, bis die Beeren Erbsengröße erreicht haben. Ebenso wird sie von Botrytis ein wenig stärker angegriffen. Von der Kirschessigfliege (*Drosophila suzukii*, kurz KEF genannt) wurde sie 2014 deutlich befallen und wird seither mit Kaolin behandelt und neu auch mit Insektennetzen geschützt. Wegen ihrer Frühreife haben wir den Anbau in Lagen, die etwas später reifen, nochmals ausgedehnt. Wir schätzen ihre Fruchtigkeit für einige Cuvées sehr.

'MARÉCHAL FOCH'

Die erste Pflanzung erfolgte 1989. Erst sieben Jahre später, in einem extrem regenreichen Jahr, erlebten wir die ersten bemerkenswerten Infektionen mit Falschem Mehltau, welche wir mit Kupfer stoppen konnten. Offenbar hatte der Falsche Mehltau-Pilz in diesen Jahren genug Zeit gehabt, um virulentere Stämme herauszubilden und die vielen Regenschauer gaben ihm mehr Durchsetzungsvermögen. In Normaljahren hat 'Maréchal Foch' aber eine breit abgestützte, sehr hohe Resistenz gegen beide Mehltau-Pilze. Allerdings sind die ersten Infektionen auf ihr nur schwer erkennbar, man achte auf einzelne Nekrosepunkte. Wenn der Pilz witterungsbedingt weiter angreifen kann, werden große Nekrosen sichtbar und es entsteht sogar Pilzrasen, welcher normalerweise gut von der Pflanze abgegrenzt wird. Sie treibt früh im April aus, was Frühlingsfrostrisiko im Stadium der frisch getriebenen Augen mit sich bringt. Erstaunlicherweise sind dann aber die ca. 10 cm langen Schosse bereits erstaunlich frosthart. Ebenfalls treibt sie nach Frostschaden aus sehr vielen schlafenden Augen nochmals vollständig aus und ist dann noch so fruchtbar, dass mit ca. zwei Wochen Verspätung ein voller Ertrag geerntet werden kann. Winterfrost soll sie gemäß Angaben aus Kanada bis –30° C problemlos überstehen. Sie ist wüchsig, aber nicht aufrecht wachsend, sondern macht kriechende, hängende, oft viele Meter lange Schosse mit eher kurzen Internodien. Entsprechend macht sie sehr viel Blattmasse, das Auslauben ist zeitaufwendig, weshalb wir dies nicht mehr durchführen. Die Trauben sind klein, auch mit kleinen Beeren, also braucht es doppelt so viele Augen beim Schnitt, damit ein Ertrag von etwa 8 t pro Hektare erreicht wird. Gegen Botrytis ist sie dank dicker Beerenhäute recht

robust, doch in regenreichen Herbstperioden wird sie auch befallen, weil dann mit der Zeit die Beerenhäute zu weich werden. Die Reife mit ca. 95 Grad Oechsle wird bei uns etwa um den 25. September erreicht. 2014 konnten wir etwas KEF-Befall feststellen, nun schützen wir sie mit Kaolin und neu auch mit Insektennetzen. Der Wein ist fruchtbetont, erinnert an schwarze Kirschen, hat zwar fast keine Gerbstoffe, wirkt aber doch recht eigenständig und ist sehr farbintensiv, bis tief schwarz-rot. Auch ergänzt er einige Cuvées bei uns ideal mit der Kirscharomatik. In schlecht befahrbaren Lagen haben wir den Anbau dieser sehr resistenten Sorte noch ausgedehnt.
Vorsicht: 'Maréchal Foch' und 'Léon Millot' ertragen keine Schwefelspritzung!

'MUSCAT BLEU'

Eigentlich als Tafeltraube bekannt, haben uns der intensive Muscat-Duft und die traubige Aromatik dazu bewogen, diese Sorte auch als Weintraube auszutesten. Sie treibt deutlich später aus als 'Maréchal Foch' und 'Léon Millot', also sind angetriebene Augen sehr anfällig auf späte Frühlingsfröste. Normalerweise sind ihre Nebenaugen noch einigermaßen fruchtbar, wodurch ein Teil des Frostschadens kompensiert werden kann. Sie wächst sehr zügig und recht senkrecht mit sehr langen Internodien. Entsprechend kappen wir sie früh, manchmal schon vor oder in der Blüte, oft auch ein zweites Mal später. Ihre Gescheine sind sehr empfindlich und dürfen in der Blüte nicht berührt werden. Sie hat ganz große Trauben mit überdurchschnittlich großen Beeren, doch verrieselt sie ein wenig, womit die Trauben relativ locker bleiben. Die Beerenhäute sind hart und robust, trotzdem kann Botrytis in sehr regnerischen Reifezeiten angreifen. Ihre Resistenz gegen die beiden Mehltau-Pilze ist mittel, noch recht nahe an 'Léon Millot'. Wer sie aufmerksam beobachtet, findet die Anzeichen der ersten Infektionen durch die beiden Mehltau-Pilze in der Form von buckeligen Erhöhungen und dellenartigen Vertiefungen auf den Blättern. Ebenso achte man auf die kleinen Punkte auf den Blättern, also die Nekrosen, welche die erste Abwehrphase zeigen. Wenn diese Merkmale vor der Blüte sichtbar werden, ist für uns eine erste Spritzung mit Kupfer sofort unabdingbar. Der Farbumschlag ist extrem früh, vielmals schon anfangs August.
Wegen Wespenfraß halten wir sie seit vielen Jahren unter Hagelschutznetzen, neuerdings saugen aber auch Bienen an Mikrorissen auf den Beeren. Da sie auch hochanfällig auf KEF-Befall ist, setzten wir vorläufig schon ab Anfang August

Kaolin ein, doch vermutlich müssen wir die Hagelnetze durch dichtere Insektennetze ersetzen. Kaolin auf den Beeren wehrt übrigens weder Wespen noch Bienen ab. Die Ernte ist meist kurz nach 'Léon Millot' oder nahe bei 'Maréchal Foch', bei etwa 85 Grad Oechsle. Der Ertrag liegt etwa bei 7 t pro Hektare. Auch bei Maischegärung bleibt der Duft nach Rosen und Veilchen und die Aromatik der Trauben erhalten, sogar bei Barriquereifung. Die Weine der Sorte 'Muscat Bleu' haben bei uns eine Fangemeinschaft gefunden, wir keltern daraus verschiedene, fruchtbetonte Weine mit niedrigem Gerbstoffgehalt, schönen Violettreflexen und verwenden sie auch als duftbetonten Cuvée-Partner. Die Weinbereitung ist wegen des hohen pH-Wertes anspruchsvoll. Als begehrte Spezialität haben wir den Anbau in einer windoffenen Lage mit etwas späterer Reife weiter ausgedehnt.

'CABERNET JURA'

Sie treibt gegen Ende April aus, erträgt dann späte Frühlingsfröste schlecht, macht aber auf den Nebenaugen noch einige kleinere Trauben. Ihr Wuchs ist kräftig, mit mittellangen Internodien und wunderbar aufrecht. Wir beobachten, dass sie auf Trockenheit deutlich stärker reagiert als andere Sorten. Die Trauben sind groß mit recht großen Beeren, eher locker und mit guter Botrytis-Resistenz. Die Resistenz gegen die beiden Mehltau-Pilze ist im besten Falle mittel, in regenreichen Jahren müssen wir uns damit abfinden, dass wir durchaus sechs Spritzungen mit niedriger Kupfer- und normaler Schwefeldosierung machen müssen. Sie liefert einen guten Ertrag von etwa 9 t pro Hektare bei uns. Wir sind unsicher, wie der Befall durch KEF ist, bei hohem Populationsdruck 2014 haben wir Befall gefunden. 2019 hatten wir hingegen keine Probleme, obwohl der 'Blauburgunder' auf dem benachbarten Weingut befallen worden ist. Vermutlich waren die Hauptgründe, dass wir Kaolin eingesetzt haben und unsere Ernte noch kurz vor dem großen Anstieg der KEF-Population stattfand. Die kürzlich nochmals gepflanzten Anlagen werden wir mit Insektennetzen schützen.

Der Wein hat einen ausgeprägten, würzigen Cabernet-Charakter mit tiefroter Farbe und Violettreflexen. Für uns war es eine tolle Bereicherung, dass diese Sorte sehr gut strukturierte, kräftige Gerbstoffe liefert, wenn man sie bei einer Reife von über 95 Grad Oechsle etwa in der ersten Oktoberwoche erntet.

'CHANCELLOR'
Dank spätem Austrieb blieb sie bisher von Frühlingsfrösten verschont. Sie wächst mittelstark, einigermaßen aufrecht und trägt reiche Ernte von durchaus 10 t pro Hektare, dank großer Trauben. Während der Blüte ist sie durchaus ein wenig anfällig gegenüber Falschem Mehltau, eine schwachdosierte Kupferspritzung kann sich lohnen. Anschließend ist sie jedoch den ganzen Sommer hindurch mit kräftigem Blattwerk sehr robust gegen beide Mehltau-Pilze. Erste Infektionen zeigt sie ebenfalls mit Buckel- und Dellenbildung auf den Blättern. Die Ernte ist für meine Begriffe spät, nämlich Mitte Oktober bei etwas über 80 Grad Oechsle. Von Botrytis wurde 'Chancellor' bisher nicht befallen, die Trauben sind lockerbeerig und die Beeren haben sehr starke Häute. Vermutlich hatten wir nebst dem Schutz mit Kaolin auch deswegen bisher keine Probleme mit der KEF, obwohl die Ernte schon in die befallsstarke Periode fiel.
Wir machen Ganztraubenpressung, der hellrote Wein erinnert an 'Blauburgunder' und ist für uns ein wertvoller Cuvée-Partner. Weil ich keine große Fläche mit spätreifen Sorten will, dehnen wir den Anbau von 'Chancellor' nicht weiter aus, obwohl sie agronomisch sonst sehr interessant ist.

'CABERNET CORTIS'
Sie steht bei uns nur im Versuchsanbau. Sie ist vergleichbar mit 'Cabernet Jura', scheint uns aber etwas resistenter gegen die beiden Mehltau-Pilze zu sein, doch haben wir schon sehr starken und äußerst plötzlich hereinbrechenden Botrytisbefall erlebt. Die Aromatik ist uns zu stark Richtung Cabernet ausgeprägt. Aus diesen Gründen verfolgen wir diese Sorte nicht weiter.

'MONARCH'
Sie steht bei uns auch im Versuchsanbau. Eine stark und wild wachsende Sorte, mit riesigen, liegenden Schossen und vielen, großen Trauben, also sehr hohem Ertragspotenzial. Das Aufheften der Schosse ist aufwendig. Eine Ertragsregulierung ist zwingend. Wir ernten etwa anfangs Oktober, doch hat sie bei uns eher niedrige Mostgehalte um 80 Grad Oechsle erbracht. Ihre Resistenz scheint etwa zwischen 'Cabernet Jura' und 'Cabernet Cortis' zu liegen. Sie ist trotz Kaolinspritzung hochanfällig auf KEF- und Botrytis-Befall. Ihre Fruchtaromatik und die feinen Gerbstoffe wären interessant, doch verfolgen wir die Sorte aus den genannten Gründen nicht weiter.

'CAL 1-20' und 'CAL 1-22'

Diese Sorten sind sehr frohwüchsig, haben eine mittelhohe bis hohe Abwehrkraft gegen die beiden Mehltau-Pilze, werden wenig von Botrytis befallen, insbesondere 'CAL 1-22'. KEF-Befall haben wir bisher nicht festgestellt. Der Ertrag ist hoch ('CAL 1-20') bis sehr hoch ('CAL 1-22'). Wir erreichen etwa Mitte Oktober etwa 85 Grad Oechsle, weshalb wir diese Sorten nicht weiterverfolgen.

'CAL 1-28'

Gemäß Angaben soll sie über eine deutlich höhere Abwehrkraft gegen die Mehltaupilze verfügen als 'Cabernet Jura'. Ansonsten gleicht sie 'Cabernet Jura'. Weil sie bei uns vermutlich ein paar Tage nach ebendieser reift und bisher wenig Probleme mit KEF beobachtet wurde, haben wir sie in eine frühe Lage gepflanzt. Der Wein hat uns mit gut strukturierten Gerbstoffen bei Degustationen von Weinen von Kollegen gefallen, besonders weil sich seine Aromatik mit mehr Fruchtigkeit von 'Cabernet Jura' unterscheidet.

Versuchssorten VB 05-A-100 und aus der LAC 1/02-SERIE: 05-35, 11-12 und 11-17

Weil diese Zuchtlinien früh reifen, haben wir sie in eine leicht höhere Lage gepflanzt. Das gute und aufrechte Wachstum dieser Neuzüchtungen, die kräftigen Blätter mit sehr langen Blattstielen, ihre großen und lockerbeerigen Trauben und das hohe Mostgewicht haben uns gefallen. Valentin Blattner als privater Züchter kann verständlicherweise nicht alle Details der Stammbäume bekannt geben, da er mit den Züchtungen sein Einkommen bestreitet. Doch hat er angegeben, dass er bei diesen Linien einerseits die Genetik der 'Cabernet Jura'-Familie und anderseits der Familie von 'Léon Millot' und 'Maréchal Foch' verwendet hat. Dies dürfte eine hohe Resistenz gegen die beiden Mehltau-Pilze erwarten lassen.

Wieder gerodete Sorten VB 91-26-04, 'CABERTIN', 'PINOTIN' und 'MERLOTIN'

Vermutlich hat sich in den Jahren bei uns der Falsche Mehltau-Pilz angepasst und aggressivere Stämme entwickelt. Alle vier Sorten haben wir zudem in eine Parzelle mit viel Taubildung gepflanzt. Sie wurden schon im ersten Jahr deutlich befallen, weshalb wir sie nach fünf Jahren wieder gerodet haben. Sie eignen sich nach meiner Einschätzung nur für trockenes Klima.

WEINE AUS REINEN SORTEN UND CUVÉES VON UNSEREM BETRIEB

Die nachfolgende Beschreibung soll aufzeigen, welche Weintypen wir aus den pilzresistenten Traubensorten auf unserem Betrieb entwickelt haben.

Bianca
Reife Frucht und edle Kraft, wie bei einer Spätlese, verleiht diesem Weißwein zusammen mit feinen Gerbstoffen eine feine Spannung im Gaumen.

Solaris
Schmeichelnde Süße verbindet sich wunderbar mit ihrer Gegenspielerin, der frischen Säure. Mit bezauberndem Holderblütenduft und Südfruchtaromatik.

Soleil d'Or
Die Hauptsorte 'Seyval Blanc' mit ihrer gediegenen, breiten Ruhe ergänzt sich mit den frischen Zitrusaromen der Sorte 'Excelsior' und verleiht diesem Weißwein eine fröhliche Spannung.

Schiller
Fröhliche Frische der weißen und gediegenen Aromatik der roten Trauben harmonisch zum duftenden Cuvée zusammengefügt. Ein hellroter Wein mit violetten Reflexen.

Planète Bleue
Zu Ehren unseres blauen Planeten komponiertes Cuvée aus unseren roten Traubensorten. Frischfruchtig mit dezenten Gerbstoffen ist es ein eleganter Wein.

Maréchal Foch
Die Aromatik dieses tiefroten Weins erinnert an schwarze Kirsche und verleiht ihm auch einen südlichen Charakter.

Léon Millot
Aromen wie bei Brombeeren und Cassis verleihen dieser Sorte südlichen Charakter.

Muscat Bleu
Es gibt wohl kaum eine Traube, die so wunderbar nach Rosen und Veilchen duftet und so traubige Aromen zeigt.

Rubinero
Die roten Sorten 'Léon Millot' und 'Maréchal Foch' ergänzen sich in diesem Cuvée sehr gut, besonders bei längerer Reife dieses kraftvollen Weines im Doppelbarrique.

Cabernero
'Cabernet Jura' als Hauptsorte trägt diesen tiefroten Wein mit seiner ausgeprägten, würzigen Aromatik und den kräftig strukturierten Gerbstoffen. Ein wenig 'Léon Millot', 'Maréchal Foch' und 'Muscat Bleu' bereichern dieses Cuvée mit fröhlicher Frucht und schönem Duft.

Muscanero
Soll man fruchtige, duftende Weinsorten im Barrique reifen? Sorgsam haben wir Trauben der Sorte 'Muscat Bleu' in Kistchen auf 130 Grad Oechsle getrocknet, dann an der Maische vergoren und diesen immer noch fruchtigen, duftenden Wein längere Zeit im Barrique ruhig reifen lassen. Die Komposition ist gelungen. Erleben Sie einen besonderen Wein, intensiv duftend, mit fröhlicher Frucht, mit feinen Gerbstoffen, mit großer Breite und tiefer Kraft, als würden sie die Musik eines ganz großen Orchesters genießen.